中国环境规划政策绿皮书

中国环保产业政策报告
2019

China's Report on Environmental Protection Industry Policy 2019

赵云皓　黄滨辉　辛　璐　等/编著

U0384509

中国环境出版集团 · 北京

图书在版编目（CIP）数据

中国环保产业政策报告. 2019/赵云皓等编著. —北京：中
国环境出版集团，2020.12
（中国环境规划政策绿皮书）
ISBN 978-7-5111-4405-8

Ⅰ. ①中… Ⅱ. ①赵… Ⅲ. ①环保产业—产业政策—
研究报告—中国—2019 Ⅳ. ①X324.2

中国版本图书馆 CIP 数据核字（2020）第 148926 号

出 版 人　武德凯
责任编辑　葛 莉
文字编辑　解亚鑫
责任校对　任 丽
封面设计　彭 杉

出版发行　中国环境出版集团
　　　　　（100062 北京市东城区广渠门内大街 16 号）
　　　　　网　　　址：http://www.cesp.com.cn
　　　　　电子邮箱：bjgl@cesp.com.cn
　　　　　联系电话：010-67112765（编辑管理部）
　　　　　发行热线：010-67125803，010-67113405（传真）
印　　刷　北京中科印刷有限公司
经　　销　各地新华书店
版　　次　2020 年 12 月第 1 版
印　　次　2020 年 12 月第 1 次印刷
开　　本　787×1092　1/16
印　　张　8.75
字　　数　110 千字
定　　价　60.00 元

中国环境出版集团郑重承诺：
中国环境出版集团合作的印刷单位、材料单位均具有中国环境标志产品认证；
中国环境出版集团所有图书"禁塑"。

《中国环保产业政策报告2019》
编 委 会

前 言

    大力推进环保产业发展既是加强生态环境保护、打好污染防治攻坚战的需要，也是推动形成新的经济增长点的需要，具有重要的环境效益、经济效益和社会效益。环保产业不同于一般经济产业，是典型的政策引导型产业。分析研究环保产业政策的制定与执行情况，对推进环保产业发展、规范市场秩序、提高资源配置效率、提升国际竞争力具有重要意义。

    2019 年是新中国成立 70 周年，也是打好污染防治攻坚战、全面建成小康社会的关键之年。在这一年里，习近平总书记就加强生态文明建设和生态环境保护提出了一系列新理念、新思想、新战略、新要求，党中央、国务院作出了一系列重大决策部署，《中华人民共和国固体废物污染环境防治法》修订草案二审稿提请审议，污染防治攻坚战持续推进，大气污染治理政策标准进一步提高，"无废城市"建设试点启动实施，地级及以上城市全面启动生活垃圾分类，"放管服"改革持续推进，支持服务民营企业绿色发展，从事污染防治的第三方企业所得税优惠政策出台，环保产业市场需求进一步释放，环保产业发展的营商环境持续改善，环保产业继续保持快速发展。

    本书共分为 6 章。第 1 章由辛璐、赵云皓、李宝娟编写，第 2 章由

辛璐、王志凯、宋玲玲编写，第3章由王志凯、徐志杰、徐顺青编写，第4章由徐志杰、卢静、陶亚编写，第5章由卢静、王政、王妍编写，第6章由黄滨辉、王政、王婷编写，全书由赵云皓、辛璐统稿。

本书的编写得到生态环境部科技与财务司、综合司的大力支持和悉心指导，得到了生态环境部环境规划院陆军书记、王金南院长、严刚副院长和中国环境保护产业协会樊元生会长、易斌秘书长等专家的大力支持，在此表示诚挚感谢！希望本书可以为政府研究制定环保产业促进政策，环保企业了解掌握国家政策方向、支撑经营决策提供参考。

本书编委会

2020 年 3 月 27 日

执行摘要

环保产业在生态文明建设和污染防治攻坚战中发挥着重要作用，为着力解决突出环境问题、实现绿色转型发展提供了重要的产业支撑。大力发展环保产业是统筹经济高质量发展和生态环境高水平保护的重要举措。本书是中国环保产业政策报告丛书的年度版，旨在从需求拉动、激励促进、规范引导和创新鼓励等方面梳理归纳 2019 年中国环保产业相关政策制定情况，分析各项政策对环保产业的促进作用，并展望 2020 年环保产业政策。主要结论如下：

一是法律法规不断完善，污染防治攻坚战相关政策落地实施，环保产业需求得到有效释放。2019 年，《中华人民共和国固体废物污染环境防治法》修订草案二审稿提请十三届全国人大常委会第十五次会议审议，从立法层面切实推动全社会形成绿色发展方式和绿色生活方式。"无废城市"建设试点启动实施，地级及以上城市全面启动生活垃圾分类，上海等城市生活垃圾进入强制分类时代，带动了固体废物处理利用行业整体快速发展。推动打赢蓝天保卫战，京津冀及周边地区、长三角地区和汾渭平原等重点区域持续实施秋冬季大气污染综合治理攻坚行动。钢铁行业开展超低排放改造，加快补齐了挥发性有机物污染防治短板。继煤电之后，烟气治理市场重点转向非电行业。VOCs 治理行业整体发展势头良好。城镇污水处理从污水处理厂提标改造向管网、泵站、厂站等全系统提质增效转变，从污水处理达标排放向水环境改善、实现水生态修复目标转变。开展农村黑臭水体治理试点示范，经济实用、维护简便的农村黑臭水体治理技术和设施设备

将得到应用推广。

二是推进"放管服"改革，持续优化营商环境，为环保产业高质量发展创造条件。2019年，国务院发布的《优化营商环境条例》（国务院令 第722号），从制度层面为优化营商环境提供了更为有力的保障和支撑。国务院颁布的《政府投资条例》（国务院令 第712号），明确政府资金应当投向市场不能有效配置资源的公共领域的项目，政府要把经营性项目收益让渡给市场，激发市场活力。推动信用信息公开与建设项目审批制度改革，精简流程，为企业发展创造良好环境。解决民营企业融资纾困问题，实施减税降费政策等一系列民营企业扶持政策，支持民营企业绿色发展。深化生态环境领域"放管服"改革，依法取消环评单位资质许可，逐步下放项目环评审批权，强化事中、事后监管，推动环保信用评价。

三是落实财税、金融、价格、贸易政策，推动环保产业快速发展。2019年，国家继续加大财政资金支持节能环保的力度，全国生态保护和环境治理投资增长37.2%，比各行业投资平均增速高出31.8个百分点。生态环保领域成为专项债支持的重点领域，专项债可作为污水、垃圾处理等生态环保领域重大项目资本金。污水处理费、固体废物处理费、水价、电价、天然气价格等收费政策不断完善。施行从事污染防治第三方企业所得税税率减按15%、部分环保设备关税和进口环节增值税免征、小微企业普惠性税收减免等税收优惠政策。设立国家绿色发展基金，深入推进绿色金融改革创新试验区建设，加大对绿色发展的金融支持，搭建社会资金投入生态环保新渠道。支持外商投资污染防治设备、资源循环利用设备、环境监测仪器、水务环保及生态修复等数十项节能环保细分领域，助推环保产业的技术进步。

四是推进相关行业技术规范、标准制定，强化环保科技与模式创新，提高环保产业发展内生动力。2019 年，生态环境部发布了行业排污许可证申请与核发技术规范 19 项、环境监测分析方法与技术规范 59 项、环境影响评价技术标准 4 项、污染防治可行性技术指南 4 项、技术导则 15 项、绿色技术标准规范 6 项。推进构建市场导向的绿色技术创新体系，深化生态环境科技体制改革，激发科技创新活力。启用国家生态环境科技成果转化综合服务平台，为各级政府部门生态环境管理和环保企业提供技术服务。各部委继续开展国家生态工业示范园区、大宗固体废物综合利用基地、工业资源综合利用基地、国家生态文明建设示范市县、"绿水青山就是金山银山"实践创新基地、园区环境污染第三方治理、环境综合治理托管服务等试点示范工作，持续探索生态环境保护治理新机制、新模式。

五是环保产业政策支持力度将进一步加强，以保障环保产业健康有序发展，为打赢污染防治攻坚战提供有力支撑。2020 年是全面建成小康社会和"十三五"规划的收官之年，是打赢污染防治攻坚战的决胜之年，是保障"十四五"顺利起航的奠基之年。2020 年将继续以生态环境保护倒逼经济高质量发展，加强帮扶指导，继续推进"放管服"改革，支持服务产业绿色发展，加大对节能环保企业的支持力度。在需求拉动型政策方面，京津冀协同发展、粤港澳大湾区建设、长三角一体化发展、长江经济带发展、黄河流域生态保护和高质量发展等五大国家战略推进实施，环保产业发展需求将充分释放。在激励促进型政策方面，生态环保专项资金、地方政府专项债、绿色发展基金等政策将落地见效，进一步促进环保产业持续发展。在规范引导型政策方面，持续推进"放管服"改革，优化营商环境；推动落实《关于构建现代环境治理体系的指导意见》，加快环保产业发展与创新；继续推进技术规范标准制定，规范行业管理，提升行业发展水平。在创新鼓

励型政策方面，持续推进环境治理模式创新，引导鼓励工业园区和企业推进环境污染第三方治理，推进工业园区、小城镇环境综合治理托管服务模式试点工作，探索生态环境导向的发展（EOD）模式等，环保产业将迸发出新的活力。

Executive Summary

The environmental protection industry is the backbone in promoting both ecological civilization and integrated pollution prevention and control. It can provide important industrial support for solving the prominent environmental problems and making progress in green transition. Pushing up the development of the environmental protection industry is an important measure to coordinate high-quality economic development and high-level protection of the ecological environment. This book is the annual publication of a series of *Environmental Protection Industry Policy Report in China*, which aims to summarize the policies concerning China's environmental protection industry in 2019 in terms of demand driving, incentive promotion, standard guidance, and innovation encouragement, and to analyze the promotion of various policies to the environmental protection industry. Finally, it looks forward to 2020. The principal conclusions are as follows: First, the laws and regulations have been continuously improved, relevant policies on pollution prevention and control have been implemented, and the needs of the environmental protection industry have been effectively released.

In 2019, the second revised draft of *the Law on the Prevention and Control of Environmental Pollution by Solid Wastes* was submitted to the 15th meeting of the Standing Committee of the 13th National People's Congress for deliberation, and to effectively promote the formation of green development method and green living from the legislative level, which will be formally implemented from September 1, 2020. The construction of a "no waste city" pilot program was launched, and the classification of municipal solid waste for cities at and above the prefecture level has been fully launched. Domestic waste in cities such as Shanghai has entered the era of compulsory separation, driving the overall rapid development of the solid waste treatment and utilization industry. To promote the battle to make our skies blue again, Beijing, Tianjin, and Hebei as well as their surrounding areas, the Yangtze River Delta region, the Fenwei Plain and other key areas continue to carry out crucial action in autumn and winter. The steel industry has carried out ultra-low-emission transformation and accelerated the completion of volatile organic compound pollution prevention and control shortcomings. Following coal and electricity, the focus of the flue gas control market has shifted to non-electricity industry. The overall development momentum of the VOCs governance industry is good. The transformation of urban sewage treatment from the upgrading of sewage treatment plants to the improvement of quality and efficiency in the whole system of pipe networks, pumping stations, plants and stations, and the transformation from the discharge of sewage disposal to the improvement of the water environment and the realization of the goal of water ecological restoration pilot demonstrations of rural black and odorous water treatment will be carried out, and economical and practical rural black and odorous water treatment technology and facilities will be applied and promoted.

Second, we have advanced the reform of "combining decentralization and management, and optimizing service", kept optimizing the business environment and created the conditions for high-quality development of the environmental protection industry.

In 2019, the State Council issued the Regulations on Optimizing the Business Environment, providing a more powerful guarantee and support for optimizing the business environment from the institutional level. The Government Investment Regulations (G. L. No. 712) was promulgated, which made it clear that government funds should be invested in projects in the public domain in which the market can't allocate resources efficiently. The government transfers the revenue from operating projects to the market to stimulate market vitality. Advance the reform of credit information disclosure and construction project approval systems, streamline process, and create a good environment for enterprise development. Solve the financing problems of private enterprises, implement a series of supporting policies for private enterprises such as tax reduction and fee reduction policies, and support the green development of private enterprises. Deepen the reform of "combining decentralization and management, and optimizing service" in the field of ecological environment, cancel the qualification permits of EIA units in accordance with the laws, gradually decentralize the authority for EIA approval of projects, strengthen supervision during and after the event, and promote environmental credit evaluation.

Third, we have carried out fiscal, financial, price and trade policies to boost the rapid growth of the environmental protection industry.

In 2019, we achieved 37.2% growth in the national investment in ecological protection and environmental governance, which was 31.8 percentage points higher than the average growth rate of various industries, as the state continued to increase financial support for energy conservation and environmental protection. The environmental protection industry has been given top priorities among Local Government Special Bonds, which could be used as capital fund for major projects in terms of environment improvement such as sewage and waste treatments. Sewage disposal fees, solid waste treatment fees, water prices, electricity prices, natural gas prices and other charging policies have been continuously improved. Implement preferential tax policies such as a 15% reduction in the tax rate for pollution control of third-party enterprises, a reduction in tariffs on some environmental protection equipment and the exemption of value-added tax on imports, and reduction and exemption of inclusive taxes for small and micro enterprises. We set up a national green growth fund, further boosted the building of green financial reform and innovation pilot zones, sped up financial support for green development and innovation, and sought to channel new social funds into the ecological and environmental protection field. Meanwhile, we supported foreigners investing in facilities conducive to environment, resource recycling equipment, environmental monitoring instruments, water protection endeavors, ecological restoration efforts, and other dozens of segment in the energy conservation and environmental protection. As a result, the technologies for environmental protection have been pushed up greatly.

Fourth, we have promoted the formulation of technical specifications and standards for relevant industries, strengthened the innovation in environmental protection technologies and models and the endogenous power for the development of environmental protection industry.

In 2019, Ministry of Ecological Environment issued 19 technical specifications for the application and issuance of pollutant permit, 59 environmental monitoring and analysis methods and technical specifications, 4 technical standards for environmental impact assessment, 4 feasibility technical guidelines for the pollution prevention and control, 15 technical guidelines, and 6 green technology standards and specifications. To stimulate the vitality of scientific and technological innovation, we have promoted the establishment of a market-oriented system of green technology innovation, and deepened the reform of the scientific and technological system of the ecological environment. In addition, in order to provide technical services to government departments at all levels and environmental protection enterprises for ecological and environmental management, we have activated the national comprehensive service platform for the transformation of scientific and technological achievements in the ecological environment. Building on these efforts, in 2020, all ministries and commissions will continue to establish pilot and demonstration projects, such as national eco-industrial demonstration park, comprehensive utilization base of bulk solid waste, comprehensive utilization base of industrial resources, national demonstration city and county of eco-civilization construction, practice and innovation base with the environmental protection concept of "lucid waters and lush mountains are invaluable assets", third-party governance of environmental pollution in the park, and hosting service for environmental comprehensive governance, etc., unremittingly exploring new mechanism and mode for eco-environmental protection and governance.

Fifth, the policy support for environmental protection industry will be further strengthened to ensure the healthy and orderly development of environmental protection industry and provide strong support for winning the battle against pollution prevention and control.

2020 is the end year of building a moderately prosperous society in an all-round way and the "13th Five-Year Plan", the decisive year of winning the battle against pollution prevention and control, and the foundation year for ensuring the smooth start of the "14th Five-Year Plan". In 2020, we will continue to force high-quality economic development with ecological and environmental protection to strengthen assistance and guidance. And we continue to promote the reform of "combining decentralization and management, and optimizing service" to support the green development of service industry, increasing support for energy conservation and environmental protection enterprise. In terms of demand-pull policies, five national strategies, namely coordinated development of Beijing, Tianjin, and Hebei, construction of Guangdong, Hong Kong and Macao Grand Bay, integrated development of the Yangtze River Delta, development of the Yangtze River economic belt, ecological protection and high-quality development of the Yellow River Basin, have been implemented, and the demand for environmental protection industry development will be fully released. In terms of incentive and promotion policies, the policies such as special funds for eco-environmental protection, special

debts of local governments, and green development funds will be implemented and effective to further promote the sustainable development of the environmental protection industry. In terms of normative and guiding policies, we will continue to push forward the reform of "combining decentralization and management, and optimizing service" to optimize the business environment; to promote the implementation of the guiding opinions on building a modern environmental governance system to accelerate the development and innovation of environmental protection industry; and to advance the formulation of technical specifications and standards to standardize industry management and improve the level of industry development. In terms of innovative and encouraging policy, we will give impetus to the innovation of environmental governance model, guide and encourage industrial parks and enterprises to promote the third-party governance of environmental pollution, advance the pilot of the trusteeship service model for comprehensive environmental governance of industrial parks and small towns, and explore the Eco-Oriented Development (EOD) model for urban areas. The environmental protection industry will burst into new vitality.

目录

目录

1

2019 年环保产业相关政策概述

  2019 年是新中国成立 70 周年，也是打好污染防治攻坚战、全面建成小康社会的关键之年。在这一年里，习近平总书记就加强生态文明建设和生态环境保护提出一系列新理念、新思想、新战略、新要求，党中央、国务院作出了一系列重大决策部署，环保产业市场需求进一步释放，环保产业发展的营商环境持续改善，环保产业继续保持快速发展，全行业工艺和技术装备水平稳步提升、创新模式得到示范和推广，创新型企业充满生机活力。据估算，全年环保产业营业收入达 1.78 万亿元，较 2018 年增长约 11.3%。

  环保产业是典型的政策驱动型产业，环保产业相关政策的制定与实施，对释放环保产业发展需求、促进各类资源向环保产业集聚、强化引导环保产业发展方向发挥了重要作用。政府通过制定法律法规、环境保护规划、污染物排放标准和环境质量标准等驱动潜在需求转化为现实市场，扩大环保产业市场需求；通过制定实施环保投资与补助政策、污染防治价格政策、税收优惠政策以及金融政策增加产业供给，提高产业支撑保障能力；通过制定环境监管政策、环境技术规范与引导示范政策促

1

进产业规范健康发展；通过制定环境科技、技术示范以及模式创新试点等政策激发产业创新活力。本报告将促进环保产业发展的政策类型分为需求拉动型、激励促进型、规范引导型和创新鼓励型，现将 2019 年环保产业相关政策制定与实施情况概述如下。

1.1 出台生态环境保护法规政策，促进了环保产业需求释放

（1）进一步完善固体废物法律法规，启动实施"无废城市"建设试点工作，持续推进危险废物环境管理，有序开展垃圾分类，带动固体废物处理利用行业迅速发展

2019 年，《中华人民共和国固体废物污染环境防治法》修订草案二审稿提请十三届全国人大常委会第十五次会议审议，从立法层面切实推动形成绿色发展方式和绿色生活方式。批复"11+5"个城市和地区开展"无废城市"建设试点的实施方案，"无废城市"建设试点工作全面启动。生态环境部印发的《关于提升危险废物环境监管能力、利用处置能力和环境风险防范能力的指导意见》（环固体〔2019〕92 号），聚焦重点地区和重点行业，提出了到 2025 年年底实现着力提升危险废物环境监管能力、利用处置能力和环境风险防范能力的目标。地级及以上城市启动生活垃圾分类，以上海为代表的各省市垃圾分类管理条例正式实施，生活垃圾进入强制分类时代。截至 2019 年年底，全国已有 237 个地级及以上城市启动垃圾分类。上海、厦门、宁波、广州等 18 个城市开展生活垃圾分类的居民小区覆盖率超过 70%，46 个重点城市平均覆盖率达到 53.9%。

（2）为打赢蓝天保卫战，与大气污染治理相关的政策和标准密集出台，大气治理产业需求不断提升

2019 年，京津冀及周边地区、长三角地区和汾渭平原等重点区域

持续实施秋冬季大气污染综合治理攻坚行动，生态环境部等多部门联合印发了《京津冀及周边地区 2019—2020 年秋冬季大气污染综合治理攻坚行动方案》（环大气〔2019〕88 号）、《长三角地区 2019—2020 年秋冬季大气污染综合治理攻坚行动方案》（环大气〔2019〕97 号）、《汾渭平原 2019—2020 年秋冬季大气污染综合治理攻坚行动方案》（环大气〔2019〕98 号）。生态环境部等五部委联合发布《关于推进实施钢铁行业超低排放的意见》（环大气〔2019〕35 号），钢铁企业超低排放改造时间表敲定，2025 年前力争 80%以上产能完成改造。生态环境部等四部委印发《工业炉窑大气污染综合治理方案》（环大气〔2019〕56 号），对应用于钢铁、焦化、有色金属、建材、石化、化工、机械制造等行业的工业炉窑工艺装备、污染治理技术和环境管理水平提出了更高的要求。2019 年 6 月 26 日，生态环境部印发的《重点行业挥发性有机物综合治理方案》（环大气〔2019〕53 号），针对石化、化工、工业涂装、包装印刷、油品储运销、工业园区和产业集群等行业和领域在源头减排、无组织控制、末端治理适用技术等方面进行了规定，VOCs 治理行业整体发展势头良好。

（3）加快补齐水环境治理短板，持续打好碧水保卫战

住房和城乡建设部、生态环境部、国家发展和改革委员会联合发布的《城镇污水处理提质增效三年行动方案（2019—2021 年）》（建城〔2019〕52 号），提出推进生活污水收集处理设施改造和建设，尽快实现污水管网全覆盖、全收集、全处理。城镇污水处理由污水处理厂提标改造向管网、泵站、厂站等全系统提质增效转变，从污水处理达标排放向水环境改善、实现水生态修复目标转变。中央农村工作领导小组办公室、农业农村部等九部门联合印发的《关于推进农村生活污水治理的指导意见》（中农发〔2019〕14 号），提出开展农村黑臭水体排

查识别、推进农村黑臭水体综合治理、开展农村黑臭水体治理试点示范和建立农村黑臭水体治理长效机制等主要任务。生态环境部发布的《农村黑臭水体治理工作指南（试行）》（环办土壤函〔2019〕826号），提出全面推动农村地区启动黑臭水体治理工作。生态环境部等五部委联合发布的《关于印发地下水污染防治实施方案的通知》（环土壤〔2019〕25号），主要围绕近期目标，即"一保、二建、三协同、四落实"开展地下水污染防治工作。

1.2 持续推进"放管服"改革，环保产业发展环境不断优化

（1）出台首部针对营商环境优化的法规

2019年10月，国务院发布《优化营商环境条例》（国务院令 第722号），重点围绕强化市场主体保护、净化市场环境、优化政务服务、规范监管执法、加强法治保障等五个方面，明确了一揽子制度性解决方案。

（2）规范政府投资行为

国务院颁布《政府投资条例》（国务院令 第712号），围绕政府投资范围、投资决策、项目实施，以及事中、事后监管等关键环节，确立基本制度规范，并规定政府投资资金应当投向市场不能有效配置资源的社会公益服务、公共基础设施、农业农村、生态环境保护、重大科技进步、社会管理、国家安全等公共领域的项目，以非经营性项目为主。体现了政府着眼于把经营性项目收益让渡给市场、激发市场活力的思路。生态环境领域成为政府投资的重点领域。

（3）推动信用信息公开和共享

国务院公布了修订后的《中华人民共和国政府信息公开条例》（国务院令 第711号），进一步扩大了政府信息主动公开的范围和深度。国

务院办公厅印发《关于加快推进社会信用体系建设 构建以信用为基础的新型监管机制的指导意见》（国办发〔2019〕35 号），以加强信用监管为着力点，创新监管理念、监管制度和监管方式。国家发展改革委将市场主体公共信用综合评价结果纳入地方信用信息平台。

（4）推动建设项目审批制度改革

国务院办公厅发布《关于全面开展工程建设项目审批制度改革的实施意见》（国办发〔2019〕11 号），对工程建设项目审批制度实施全流程、全覆盖改革。要求统一审批流程、统一信息数据平台、统一审批管理体系、统一监管方式，实现工程建设项目审批"四统一"。

（5）进一步深化监管服务能力建设

国务院发布的《国务院关于加强和规范事中事后监管的指导意见》（国发〔2019〕18 号），提出夯实监管责任、健全监管规则和标准、创新和完善监管方式、构建协同监管格局、提升监管规范性和透明度、强化组织保障等要求。生态环境部发布的《关于进一步深化生态环境监管服务 推动经济高质量发展的意见》（环综合〔2019〕74 号），深化放管服改革，提升生态环境管理水平。2019 年，在"放"方面，生态环境部依法取消环评单位资质许可，逐步下放项目环评审批权；在"管"方面，强化事中、事后监管，推动环保信用评价，建设完成全国统一的环境影响评价信用平台。

（6）扶持民营企业发展

生态环境部、中华全国工商业联合会发布的《生态环境部 全国工商联关于支持服务民营企业绿色发展的意见》（环综合〔2019〕6 号），提出鼓励民营企业积极参与污染防治攻坚战，帮助其解决环境治理困难，提高其绿色发展能力，营造公平竞争的市场环境，提升服务保障水平，完善经济政策措施，形成支持服务民营企业绿色发展的长效机制。

河北省开展的"万名环保干部进万企、助力提升环境治理水平"活动，帮扶包联企业 1.12 万家。中共中央办公厅、国务院办公厅印发《关于加强金融服务民营企业的若干意见》（中办发〔2019〕6 号），聚焦金融机构对民营企业"不敢贷、不愿贷、不能贷"的问题，要求积极帮助民营企业融资纾困，着力化解流动性风险并切实维护企业合法权益，从实际出发帮助遭遇风险事件的企业摆脱困境，加快清理拖欠的民营企业账款，企业要主动创造有利于融资的条件。财政部、科技部、工业和信息化部、人民银行和银保监会五部门联合印发《关于开展财政支持深化民营和小微企业金融服务综合改革试点城市工作的通知》（财金〔2019〕62 号），支持地方因地制宜打造各具特色的金融服务综合改革试点城市，探索改善民营和小微企业金融服务的有效模式。从 2019 年起，中央财政通过普惠金融发展专项每年安排约 20 亿元资金，东部、中部、西部地区每个试点城市的奖励标准分别为 3 000 万元、4 000 万元、5 000 万元。2019 年 12 月 4 日，中共中央、国务院发布的《关于营造更好发展环境支持民营企业改革发展的意见》，提出了一系列有分量的政策措施，力求为民营企业营造更好的发展环境，这是民营和小微企业改革发展领域的首个中央文件。

1.3 落实财税、金融、价格、贸易政策，加快环保产业资源集聚

（1）财政资金持续支持节能环保领域，发挥财政资金引导作用

中央基本建设支出中节能环保支出预算有所减少，2019 年节能环保支出预算 362.68 亿元，是 2018 年节能环保支出执行数的 84.9%。在 2019 年节能环保预算中，自然生态保护、污染减排及其他节能环保支出

预算有所增加，环境保护管理事务、环境监测与监察、污染防治、天然林保护、退耕还林、退牧还草、能源节约利用、可再生能源、循环经济、能源管理事务等方面预算均有所减少。2019 年中央财政安排的环保专项资金规模达到 556.84 亿元，较 2018 年增长 2.2%，主要围绕水污染防治、大气污染防治、土壤污染防治、农村环境整治及生态保护修复等方面。同时，为了加强资金管理、提高资金使用效益，财政部发布水污染防治专项资金、土壤污染防治专项资金、农村环境整治专项资金、服务业发展资金、可再生能源发展专项资金、城市管网及污水处理补助资金等管理办法。推进地方政府专项债发行，支持有一定收益但难以商业化合规融资的重大公益性项目。完善政府绿色采购政策，对政府采购节能产品、环境标志产品实施品目清单管理，不再发布"节能产品政府采购清单"和"环境标志产品政府采购清单"。

（2）实施绿色价格，推进产业市场化发展

四川、贵州、甘肃、青海、新疆、河南、云南、内蒙古等多个省份结合当地实际情况不断完善污水处理费、固体废物处理费、水价、电价、天然气价格等收费政策。全面实行城镇非居民用水超定额累进加价制度。截至 2019 年年底，全国 31 个省（区、市）均已制定出台了城镇非居民用水超定额累进加价制度。农业水价综合改革加快推进，进一步降低了一般工商业电价。

（3）实施税收优惠政策，降低企业经营成本

对符合条件的从事污染防治的第三方企业减按15%的税率征收企业所得税，鼓励污染防治企业的专业化、规模化发展。重新修订重大技术装备和产品目录以及进口关键零部件、原材料商品目录，对重大技术装备和产品免征关税与进口增值税，涉及大型环保及资源综合利用设备共7项，其中，大气污染治理设备2项，资源综合利用设备5项。对小微

企业实施普惠性税收减免政策，支持小微企业发展。推进增值税实质性减税，制造业等行业增值税税率将由16%降至13%，交通运输和建筑等行业增值税税率将由10%降至9%。

（4）大力发展绿色金融，强化金融支持

国家发展改革委等发布了《绿色产业指导目录（2019年版）》（发改环资〔2019〕293号），界定了绿色产业和项目，进一步厘清了产业边界。深入推进绿色金融改革创新试验区工作，开展绿色金融创新，推出碳排放权抵（质）押融资、绿色市政专项债券、"一村万树"绿色期权等多项创新型绿色金融产品和工具。允许将专项债券作为符合条件的重大项目资本金，支持生态环保项目。国家开发银行加大绿色金融支持力度，推动工业节能与绿色发展。上海市人民政府、财政部、生态环境部推进国家绿色发展基金设立，引导社会资本投入生态环境保护领域，重点支持生态系统保护和修复工程，推进环保产业发展。

1.4　加快制定技术规范、标准，有力地推进了环保产业规范发展

（1）技术规范政策方面

2019年，生态环境部发布了家具制造工业、畜禽养殖行业、乳制品制造工业等19个行业的排污许可证申请与核发技术规范，发布了关于水、大气、土壤、固体废物等领域的环境监测分析方法与技术规范59项，制定环境影响评价技术标准4项，发布制糖工业、陶瓷工业、玻璃制造业和炼焦化学工业等4个行业的污染防治可行性技术指南，制定技术导则15项，发布绿色技术标准规范6项。此外，国家发展改革委、生态环境部、工业和信息化部联合发布了煤炭采选业等5个行业的清洁生产评

价指标体系，指导和推动了企业实施清洁生产。同时，规划环境影响评价、建设用地土壤污染状况调查、大型活动碳中和、废弃电器电子产品拆解、生态保护红线勘界定、化学物质环境风险评估、印染行业绿色发展、新能源汽车废旧动力蓄电池综合利用等的技术指南、规程相继印发，为指导相关行业发展提供了依据。

（2）引导示范政策方面

2019 年，工业和信息化部发布第四批绿色制造名单；国家发展改革委发布了《市场准入负面清单（2019 年版）》（发改体改〔2019〕1685号）；工业和信息化部等联合发布了《国家鼓励的工业节水工艺、技术和装备目录（2019 年）》（工业和信息化部 水利部公告 2019 第 51 号）、《"能效之星"产品目录（2019）》（工业和信息化部公告 2019 年第 53号）、《国家工业节能技术装备推荐目录（2019）》（工业和信息化部公告2019 年第 55 号）；生态环境部发布了《固定污染源排污许可分类管理名录（2019 年版）》（生态环境部令 第 11 号）。各部委继续开展国家生态工业示范园区、大宗固体废物综合利用基地和工业资源综合利用基地、国家生态文明建设示范市县和"绿水青山就是金山银山"实践创新基地等试点工作。通过试点实施，形成可复制、可推广的经验做法，发挥试点的带动作用。

1.5 强化环保科技与模式创新，提高环保产业发展内生动力

（1）科技创新政策方面

2019 年 4 月，国家发展改革委、科技部印发《关于构建市场导向的绿色技术创新体系的指导意见》（发改环资〔2019〕689 号），围绕生态文明建设，以解决资源环境生态突出问题为目标，强化产品全生命周

期绿色管理，加快构建以企业为主体、产学研深度融合、基础设施和服务体系完备、资源配置高效、成果转化顺畅的绿色技术创新体系，形成研究开发、应用推广、产业发展贯通融合的绿色技术创新新局面。生态环境部印发的《关于深化生态环境科技体制改革　激发科技创新活力的实施意见》（环科财〔2019〕109号），提出要重点完善科技创新能力体系建设，构建支撑生态环境治理体系与治理能力现代化的科技创新格局，打造高水平科技创新平台，推进产、学、研、用协同创新模式，优化科研立项，加大投入力度，深化科研管理"放管服"改革，加大专业领域人才培养力度，建立灵活的高层次人才引进交流机制，落实科技成果转化政策，推进实施科研人员股权激励政策。2019年7月，国家生态环境科技成果转化综合服务平台上线启用，为各级政府部门的生态环境管理工作和环保企业提供技术服务。科技部等部门出台相关系列文件，推动扩大高校和科研院所科研相关自主权，进一步优化科研力量布局，强化产业技术供给，促进科技成果转移转化。地方综合采用风险补偿、后补助、创投引导等财政投入方式，支持科技成果转移转化。积极建设绿色技术银行，加快推进以市场为导向的绿色技术创新体系建设。加快推动固体废物资源化，大气、水和土壤污染防治，农业面源和重金属污染防控，脆弱生态修复，化学品风险防控等领域的科技创新。

（2）模式创新政策方面

推进环境污染治理模式创新，根据《关于深入推进园区环境污染第三方治理的通知》（发改办环资〔2019〕785号）的要求，经省级发展改革委、生态环境主管部门申报以及第三方机构组织专家评审等程序，对江门市新会区崖门定点电镀工业基地等27家符合规定的园区建设项目给予中央预算内投资支持。2019年12月，生态环境部印发的《关于同意开展环境综合治理托管服务模式试点的通知》（环办科财函〔2019〕

881 号），同意上海化学工业区环境综合治理托管服务模式试点项目、苏州工业园区环境综合治理托管服务模式试点项目、国家东中西区域合作示范区（连云港徐圩新区）环境综合治理托管服务模式试点项目和湖北省十堰市郧阳区农村生活垃圾和污水综合治理托管服务模式试点项目等 4 个项目作为试点项目开展试点工作。持续探索环境领域污染防治模式创新，探索将农村黑臭水体治理和农业生产、农村生态建设相结合，促进形成一批可复制、可推广的农村黑臭水体治理模式。

2

环保产业需求拉动型相关政策

2.1 法律法规制度

2.1.1 修订《中华人民共和国固体废物污染环境防治法》

《中华人民共和国固体废物污染环境防治法》修订草案二审稿于 2019 年 12 月 23 日提请十三届全国人大常委会第十五次会议审议。修订草案二审稿中多处体现了垃圾减量的理念，从立法层面切实推动形成绿色发展方式和绿色生活方式，提出避免过度包装，组织净菜上市，减少生活垃圾产生量；鼓励电子商务、快递、外卖等行业优先采用可重复使用、易回收利用的包装物；鼓励和引导减少使用塑料袋等一次性塑料制品；旅游、餐饮等行业应当逐步推行不主动提供一次性用品；机关、企业事业单位等办公场所减少使用一次性办公用品。

2.1.2 首次提请审议《长江保护法》草案

2019 年 12 月 23 日，《中华人民共和国长江保护法（草案）》（以下简称《草案》）首次提请十三届全国人大常委会第十五次会议审议。《草案》共计九章八十四条，依据长江流域自然地理状况，以流经的相关 19 个行政区域为基础，将法律适用的地理范围确定为长江全流域相关县级行政区域。针对特定区域、特定问题，《草案》从国土空间用途管控、生态环境修复、水资源保护与利用、推进绿色发展、法律实施与监督等方面规定了具体制度和措施。《草案》明确规定在长江流域从事各类活动，应当坚持生态优先、绿色发展，共抓大保护、不搞大开发；坚持以人为本、统筹协调、科学规划、系统治理、多元共治、损害担责的原则。

2.1.3　正式颁布《优化营商环境条例》

2019 年 10 月，国务院发布了《优化营商环境条例》，自 2020 年 1 月 1 日起施行，从制度层面为优化营商环境提供更为有力的保障和支撑。该条例共七章七十二条，对"放管服"改革关键环节确立了基本规范，重点围绕强化市场主体保护、净化市场环境、优化政务服务、规范监管执法、加强法治保障五个方面，明确了一揽子制度性解决方案。一是针对市场准入和市场退出问题，明确了通过深化商事制度改革、推进证照分离改革、压缩企业申请开办时间、持续放宽市场准入等措施，为市场主体进入市场和开展经营活动破除障碍；二是实施减税降费政策，明确各地区、各部门应当严格落实国家各项减税降费政策，确保减税降费政策全面、及时惠及市场主体，并对设立涉企收费做出严格限制，切实降低市场主体经营成本；三是针对长久以来困扰民营企业的"融资难、融资贵"的问题，提出鼓励和支持金融机构加大对民营企业和中小企业的支持力度、降低民营企业和中小企业综合融资成本，不得对民营企业和中小企业设置歧视性要求。对于以民营企业为主的环保产业而言，优化营商环境将促进形成公平的市场环境，更好发挥民营企业的创新活力，

推动行业长期稳定发展。

2.1.4　正式实施《政府投资条例》

2019 年 4 月，国务院颁布了《政府投资条例》，并于 2019 年 7 月 1 日起施行。该条例围绕政府投资范围、投资决策、项目实施和事中、事后监管等关键环节，确立基本制度规范。该条例明确规定，政府投资资金应当投向市场不能有效配置资源的社会公益服务、公共基础设施、农业农村、生态环境保护、重大科技进步、社会管理、国家安全等公共领域的项目，以非经营性项目为主。体现了政府把经营性项目收益让渡给市场、激发市场活力的思路。为了确保政府投资项目顺利实施，该条例坚持问题导向，主要做了三方面规定：一是政府投资项目开工建设应当符合规定的建设条件，并按照批准的建设地点、建设规模和建设内容实施，需变更的应当报原审批部门审批。二是政府投资项目所需要资金应当按照规定确保落实到位，不得由施工单位垫资建设；项目建设投资原则上不得超过经核定的投资概算，确需增加投资概算的，项目单位应当提出调整方案及资金来源，按照规定的程序报原初步设计审批部门或者投资概算核定部门审核。三是政府投资项目应当合理确定并严格执行建设工期，项目建成后应按规定进行竣工验收并及时办理竣工财务决算。政府投资工程垫资施工将从"违规"升级为"违法"。因此，对于社会资本投入公益性环保项目的渠道仅限于规范的 PPP（政府和社会资本合作）模式，之前所采用的 BT（建设—移交）、EPC+F（工程总承包+融资）等实施模式则不再合规。

2.2 相关规划政策

2.2.1 坚决打赢蓝天保卫战

一是实施重点区域秋冬季大气污染综合治理攻坚行动。2020年是打赢蓝天保卫战三年行动计划的目标年、关键年，2019—2020年秋冬季大气污染综合治理攻坚成效直接影响2020年目标的实现。2019年5月6日，生态环境部印发《蓝天保卫战重点区域强化监督定点帮扶工作方案》（环执法〔2019〕38号），从2019年5月至2020年3月，每15天为一个轮次，持续对重点区域城市开展强化监督定点帮扶，督促落实蓝天保卫战各项任务措施。同时，京津冀及周边地区、长三角地区和汾渭平原等重点区域持续实施秋冬季大气污染综合治理攻坚行动，生态环境部分别印发了《京津冀及周边地区2019—2020年秋冬季大气污染综合治理攻坚行动方案》（环大气〔2019〕88号）、《长三角地区2019—2020年秋冬季大气污染综合治理攻坚行动方案》（环大气〔2019〕97号）、《汾渭平原2019—2020年秋冬季大气污染综合治理攻坚行动方案》（环大气〔2019〕98号）。

二是开展钢铁行业超低排放改造，推进工业炉窑和重点行业挥发性有机物治理。2019年4月22日，生态环境部等五部委联合发布《关于推进实施钢铁行业超低排放的意见》（环大气〔2019〕35号），要求到2025年年底前，重点区域钢铁企业超低排放改造基本完成，全国力争80%以上产能完成改造。山西、江苏、宁夏、上海、湖北、浙江、福建、河南、陕西等省（区、市）纷纷发布了钢铁行业超低排放改造方案。浙江、上海等地要求钢铁企业超低排放改造工作提前至2022年年底前基本完成，钢铁行业迈入超低排放时代。2019年7月1日，生态环境部等四部委印发《工业炉窑大气污染综合治理方案》（环大气〔2019〕56 号），针对应用于钢铁、焦化、有色、建材、石化、化工、机械制造等行业的工业炉窑工艺装备、污染治理技术和环境管理水平提出了更高的要求。2019 年 6 月 26 日，生态环境部印发的《重点行业挥发性有机物综合治理方案》（环大气〔2019〕53 号），针对石化、化工、工业涂装、包装印刷、油品储运销、工业园区和产业集群等行业和领域在源头减排、无组织控制、末端治理适用技术等方面进行了规定。进一步引导非电行业污染防治工作朝精细化、规范化和深度治理方向发展，促进非电行业污染防治技术进步与行业发展。

三是大气污染排放标准进一步加严。2019 年 5 月，生态环境部与国家市场监督管理总局联合颁布《挥发性有机物无组织排放控制标准》（GB 37822—2019）、《涂料、油墨及胶黏剂工业大气污染物排放标准》（GB 37824—2019）和《制药工业大气污染物排放标准》（GB 37823—2019）三项强制性国标，进一步完善了国家污染物排放标准体系，补齐了挥发性有机物污染防治短板，为打赢蓝天保卫战发挥重要支撑作用。

2.2.2 持续打好碧水保卫战

一是提升城市生活污水收集处理能力和水平。2019 年 4 月，住房和城乡建设部、生态环境部和国家发展改革委联合发布的《城镇污水处理提质增效三年行动方案（2019—2021 年）》（建城〔2019〕52 号），提出经过 3 年努力，实现地级及以上城市建成区基本无生活污水直排口；基本消除城中村、老旧城区和城乡接合部生活污水收集处理设施空白区；基本消除黑臭水体，城市生活污水集中收集效能显著提高；推进生活污水收集处理设施改造和建设，健全排水管理长效机制，完善激励支持政策，强化责任落实。

　　二是补齐农村水环境治理短板。2019 年 7 月，中央农村工作领导小组办公室等九部门联合印发的《关于推进农村生活污水治理的指导意见》（中农发〔2019〕14 号），提出开展农村黑臭水体排查识别，推进农村黑臭水体综合治理，开展农村黑臭水体治理试点示范和建立农村黑臭水体治理长效机制等 4 项主要任务，结合国内不同地区的发展水平现状，明确提出了到 2020 年农村污水治理需要达到的目标要求。2019 年 11 月 7 日，生态环境部发布的《农村黑臭水体治理工作指南（试行）》（环办土壤函〔2019〕826 号），明确了农村黑臭水体排查、治理方案编制、治理措施制定、试点示范内容以及治理效果评估、组织实施等方面的标准和要求，全面推动农村地区启动黑臭水体治理工作。要求形成一批可复制、可推广的农村黑臭水体治理模式，加快推进农村黑臭水体治理工作。

　　三是加快推进地下水污染防治工作，保障地下水安全。2019 年 3 月，生态环境部、自然资源部、住房和城乡建设部、水利部、农业农村部联合发布的《关于印发地下水污染防治实施方案的通知》（环土壤〔2019〕25 号），提出到 2020 年，初步建立地下水污染防治法规标准体系、全国地下水环境监测体系；全国地下水质量极差比例控制在约 15%；典型地下水污染源得到初步监控，地下水污染加剧趋势得到初步遏制。到 2025 年，建立相对完善的地下水污染防治法规标准体系、全国地下水环境监测体系；地级及以上城市集中式地下水型饮用水水源水质达到或优于Ⅲ类比例总体约为 85%；典型地下水污染源得到有效监控，地下水污染加剧趋势得到有效遏制。到 2035 年，力争全国地下水环境质量总体改善，生态系统功能基本恢复。

2.2.3 扎实推进净土保卫战

（1）开展"无废城市"建设试点

2018 年 12 月，国务院办公厅印发的《"无废城市"建设试点工作方案》（国办发〔2018〕128 号），要求探索建立"无废城市"建设综合管理制度和技术体系，形成一批可复制、可推广的"无废城市"建设示范模式，为推动建设"无废社会"奠定良好基础。2019 年 4 月，生态环境部《关于印发的〈"无废城市"建设试点推进工作方案〉的通知》（固体函〔2019〕12 号），遴选"11+5"个城市和地区作为"无废城市"建设试点，试点期限 2 年。"无废城市"建设试点分别为广东省深圳市、内蒙古自治区包头市、安徽省铜陵市、山东省威海市、重庆市（主城区）、浙江省绍兴市、海南省三亚市、河南省许昌市、江苏省徐州市、辽宁省盘锦市、青海省西宁市；雄安新区（新区代表）、北京经济技术开发区（开发区代表）、中新天津生态城（国际合作代表）、福建省光泽县（县级代表）、江西省瑞金市（县级市代表）作为特例，参照"无废城市"建设试点一并推动。随后，生态环境部印发《"无废城市"建设指标体系（试行）》和《"无废城市"建设试点实施方案编制指南》（环办固体函〔2019〕467 号），标志着试点城市的重点任务、建设目标有章可循。

根据《深圳市"无废城市"建设试点实施方案》，试点各项任务所需资金由财政部门提供保障。编制国土空间规划时，应前瞻预留固体废物处理处置设施用地。到 2020 年年底，固体废物全部实现无害化处置。人均生活垃圾产生量趋于零增长，工业固体废物产生强度比 2018 年下降 5%。到 2025 年，"无废城市"主要指标达到国际先进水平。生活垃圾实现全量焚烧和零填埋。到 2035 年，一般工业固体废物综合利用率达到 98%，房屋拆除废弃物资源化利用率达到 98%。深圳市将建立布局合理、交售方便、收购有序的一般工业固体废物回收网络；到 2020 年，新增两个以上工程渣土泥沙分离综合利用项目，建筑废弃物综合利用能力达到 1 000 万 m³/a。鼓励危险废物产生量大的企业自行配套建设危险废物资源化利用设施。

重庆市相关方案提出，到 2020 年，完成工程渣土填埋场、装修垃圾填埋场及监管平台建设。政府投融资建设项目使用建筑垃圾资源化再生产品替代用量占比不少于 30%。到 2020 年，完成一批矿山地质环境生态修复工程建设。重庆市还将建立多元化、多层次的资金投入保障体系，引导和鼓励社会资本加大对固体废物处理处置设施投入力度。市级财政落实市级层面"无废城市"建设试点工作经费保障，将相关经费纳入预算。市级有关部门对接国家部委，争取国家资金支持。重庆市主城区政府（管委会）加强"无废城市"建设试点工作的资金投入，结合生活垃圾收运处理设施、污水污泥处置设施、建筑垃圾消纳设施等重点工程建设，加大财政资金统筹整合力度。创新重点领域固体废物投融资机制，建立循环经济融资平台，加强政、银、企信息对接，引导和鼓励社会资本加大对固体废物处理处置设施的投入力度。

北京经济技术开发区的方案提出，到 2025 年，开发区"无废城市"建设模式在"亦庄新城"范围内全面铺开，落地一批先进的固体废物处理工程设施，基本实现依靠区内基础设施处理处置固体废物，初步实现开发区趋零排放。创新融资方式，支持社会资本参与、发行绿色债券，扩展绿色发展资金项目等，用于支持固体废物源头减量、资源化利用和安全处置体系建设。

根据绍兴市的方案，该市将重点培育一批市级绿色工厂和绿色园区，持续打造一批绿色设计产品。2020 年 12 月底前，累计创建国家级绿色示范工程、绿色升级产品 15 个以上；创建市级以上绿色工厂 49 家；

创建市级以上绿色园区、循环化改造园区 8 家。以动力电池、电器电子产品、汽车、铅酸蓄电池等为重点，落实生产者责任延伸制，到 2020 年 12 月底，基本建成废弃产品逆向回收体系。在要素投入方面，将加强财政资金统筹整合，明确"无废城市"建设试点资金范围和规模。将固体废物分类收集及无害化处置设施纳入城市基础设施和公共设施范围，保障设施用地。鼓励金融机构在风险可控前提下，加大对"无废城市"建设试点的金融支持力度。建立绍兴市"无废城市"技术支撑服务专家库。

专栏 2-1 "无废城市"建设试点 2019 年进展

各试点城市和地区的党委、政府，狠抓工作落实，试点工作已取得阶段性进展：

（1）编制完成试点实施方案。各试点城市和地区历时 4 个月完成"无废城市"建设试点实施方案编制工作，并于 9 月通过国家评审。

（2）建立了试点工作推进体制机制。"11+5"个试点城市和地区均成立了以市领导为组长的"无废城市"建设试点领导小组。其中深圳市、铜陵市、许昌市、徐州市成立了以市委书记和市长为双组长的领导小组；重庆市、徐州市、绍兴市、威海市、北京经济技术开发区成立了工作专班，徐州市采取清单制加责任制，为推进试点工作提供了组织保障和机制保障。

（3）推动试点工作与城市经济社会发展相融合、相促进。许昌市充分应用"无废城市"试点契机，谋划实施了一批中德合作项目；威海市立足本市特色产业，自选海洋经济和旅游绿色发展作为重点工作；瑞金市创新旅游废物回收机制，打造无废红色旅游生态区；三亚市以"无废城市"建设为抓手，引领生态海岸、生态岛屿、生态农业建设。

（4）着力推动制度、技术、市场监管体系建设。深圳市、徐州市、威海市分别启动生活垃圾和工业固体废物、危险废物管理的立法工作，中新天津生态城引入了新加坡的监管沙盒机制；重庆市、包头市以"互联网+"大数据等信息技术为支撑，在探索解决再生资源交易纳税合规问题方面取得积极进展。

（5）部分试点城市宣传教育工作丰富多彩，营造了建设"无废城市"的良好社会氛围，"无废城市"理念不断得到社会各方的认可。试点城市的建设成效为我国探索可复制、可推广的"无废城市"建设经验提供了坚实基础。

（2）地级及以上城市全面启动生活垃圾分类工作

2019 年 4 月，住房和城乡建设部与国家发展改革委等 9 部门在 46 个重点城市先行先试的基础上，印发了《关于在全国地级及以上城市全面开展生活垃圾分类工作的通知》（建城〔2019〕56 号），通知要求目标是：到 2020 年，46 个重点城市基本建成生活垃圾分类处理系统；其他地级城市实现公共机构生活垃圾分类全覆盖，至少有 1 个街道基本建成生活垃圾分类示范片区。到 2022 年，各地级城市至少有 1 个区实现生活垃圾分类全覆盖；其他各区至少有 1 个街道基本建成生活垃圾分类示范片区。到 2025 年，全国地级及以上城市基本建成生活垃圾分类处理系统。2019 年 11 月，住房和城乡建设部公布了最新修订的生活垃圾分类标准，相较于 2008 年版标准，新修订的标准适用范围进一步扩大，生活垃圾类别调整为可回收物、有害垃圾、厨余垃圾及其他垃圾 4 个大类和纸类、塑料、金属等 11 个小类，标志图形符号共删除 4 个、新增 4 个、沿用 7 个、修改 4 个。

截至 2019 年年底，全国已有 237 个地级及以上城市启动垃圾分类。上海、厦门、宁波、广州等 18 个城市居民小区生活垃圾分类覆盖率超过 70%。46 个重点城市居民小区生活垃圾分类平均覆盖率达到 53.9%。

46 个重点城市中，30 个城市已经出台生活垃圾分类地方性法规或规章，还有 16 个城市将生活垃圾分类列入立法计划。各省、自治区、直辖市均制定了生活垃圾分类实施方案，浙江、福建、广东、海南 4 省已出台地方法规，河北等 12 个省份的地方法规进入立法程序。很多城市通过推行生活垃圾分类，居民幸福感得到显著提升，也形成了可复制、可推广的经验。

2019 年 7 月 1 日起，《上海市生活垃圾管理条例》正式实施，上海开始普遍推行生活垃圾强制分类。生活垃圾实施强制分类以来，上海市 1.2 万余个居住区达标率已由 2018 年年底的 15% 提升到 90%。2019 年上海市可回收物每日回收量约 5 960 t，较 2018 年同期增长 4.6 倍；湿垃圾每日分出量约 8 710 t，较 2018 年同期增长 1 倍；干垃圾每日处置量少于 14 830 t，较 2018 年同期减少 33%；有害垃圾每日分出量 1 t，较 2018 年同期增长 9 倍多。随着生活垃圾分类的理念日益深入人心，生活垃圾分类在影响公众生活方式的同时也将对垃圾焚烧发电行业产生深远的影响。一方面，垃圾分类后，进入垃圾焚烧发电厂的垃圾量将有效降低；另一方面，随着餐厨垃圾等含水率高的垃圾有效分离，入厂垃圾含水率将降低，低位热值提升，发电效率提高。

（3）着力提升危险废物管理能力

2019 年 10 月，生态环境部印发的《关于提升危险废物环境监管能力、利用处置能力和环境风险防范能力的指导意见》（环固体〔2019〕92 号），聚焦重点地区和重点行业，提出了到 2025 年年底，着力提升针对危险废物"三个能力"的具体目标，包括针对环境监管能力，建立健全"源头严防、过程严管、后果严惩"的危险废物环境监管体系；针对利用处置能力，各省（区、市）危险废物利用处置能力应与实际需求基本匹配，全国危险废物利用处置能力应与实际需要总体平衡，布局趋于合理；针对环境风险防范能力，危险废物环境风险防范能力显著提升，危险废物非法转移倾倒案件高发态势得到有效遏制。生态环境部对《危险废物填埋污染控制标准》（GB 18598—2001）进行了修订，并于 2019 年 10 月 10 日发布了《危险废物填埋污染控制标准》（GB 18598—2019），修订重点围绕完善填埋场选址要求，加强设计、施工与质量保证的要求，细化危险废物入场填埋要求等方面，旨在降低填埋场渗漏导致污染地下水的可能性，该标准自 2020 年 6 月 1 日起实施。

3

环保产业激励促进型相关政策

3.1 财政政策

3.1.1 节能环保支出适度调整降低

2019 年 3 月，财政部公布《2019 年中央一般公共预算支出预算表》，2019 年中央一般公共预算支出为 111 294 亿元，加上使用以前年度结转资金 1 840.3 亿元，2019 年中央一般公共预算支出为 113 134.3 亿元。数据显示，2019 年节能环保支出预算为 362.68 亿元，是 2018 年节能环保支出执行数的 84.9%，节能环保支出预算减少了 64.73 亿元，主要是基本建设支出减少。2019 年中央基本建设支出中，节能环保支出预算为 147.77 亿元，为 2018 年执行数的 66.2%，减少了 75.45 亿元。

2019 年节能环保预算中，自然生态保护、污染减排及其他节能环保支出预算有所增加，其中：自然生态保护预算为 6.7 亿元，比 2018 年执行数增加 0.97 亿元，增长 16.9%，主要是增加了生物多样性调查评估等支出；污染减排预算为 19.57 亿元，比 2018 年执行数增加了 0.28 亿元，增长 1.5%，主要是增加了环境监察执法等支出；其他节能环保支出预算为 125.48 亿元，比 2018 年执行数增加 30.1 亿元，增长 31.6%，主要是增加了可再生能源电价附加收入增值税返还支出。

环境保护管理事务、环境监测与监察、污染防治、天然林保护、退耕还林、退牧还草、能源节约利用、可再生能源、循环经济、能源管理事务等方面预算均有所减少。其中，环境保护管理事务预算为 8.09 亿元，比 2018 年执行数减少 0.78 亿元，下降 8.8%；环境监测与监察预算为 5.1 亿元，比 2018 年执行数减少 3.01 亿元，下降 37.1%；污染防治预算为 7.7 亿元，比 2018 年执行数减少 1.58 亿元，下降 17%；天然林保护预算为 23.24 亿元，比 2018 年执行数减少 2.75 亿元，下降 10.6%；退牧还草预算为零，比 2018 年执行数减少 0.23 亿元，下降 100%；能源节约利用预算为 6.75 亿元，比 2018 年执行数减少 41.79 亿元，下降 86.1%；能源管理事务预算为 157.65 亿元，比 2018 年执行数减少 35.4 亿元，下降 18.3%。以上方面预算主要是 2018 年安排了部分一次性的基本建设支出，2019 年年初预算不再安排，导致 2019 年预算金额降低。另外，由于新疆生产建设兵团退耕还林任务到期，相关补助支出减少，退耕还林预算为 1.46 亿元，比 2018 年执行数减少 1.21 亿元，下降 45.3%；2018 年执行中安排了煤层气开发利用补贴支出，2019 年年初预算没有安排，可再生能源预算为 0.91 亿元，比 2018 年执行数减少 9.33 亿元，下降 91.1%。循环经济预算为 0.03 亿元，与 2018 年执行数持平。

3.1.2 落实中央环保专项资金补助政策

2019 年中央财政安排的环保专项资金规模达到 556.84 亿元，较 2018 年增长 2.20%，主要包括水、大气、土壤污染防治，农村环境整治及生

态保护修复治理等方面的资金。

（1）水污染防治资金

2019 年 6 月 13 日，财政部发布的《关于下达 2019 年度水污染防治资金预算的通知》（财资环〔2019〕7 号），下达各省（区、市）2019 年水污染防治资金，用于支持水污染防治和水生态环境保护方面相关工作。2019 年水污染防治资金预算共计 190 亿元，其中，用于长江经济带生态保护修复的奖励为 50 亿元，用于流域上下游横向生态保护补偿的奖励为 13 亿元，用于重点流域水污染防治的奖励为 127 亿元。与 2018 年相比，水污染防治资金预算增加了 40 亿元。"十三五"以来，我国对水污染防治和水生态环境保护方面的资金支持力度不断加大，中央财政累计安排水污染防治专项资金已达 586 亿元。同时，为加强水污染防治资金使用管理，2019 年 6 月 13 日财政部发布的《水污染防治资金管理办法》（财资环〔2019〕10 号），提到防治资金重点支持重点流域水污染防治、集中式饮用水水源地保护、良好水体保护、地下水污染防治等方面，防治资金实施期限至 2020 年。

2019 年 5 月 15—24 日，生态环境部组织开展了 2019 年统筹强化监督（第一阶段）工作，会同住房和城乡建设部以长江经济带城市为重点，对全国地级及以上城市黑臭水体整治情况开展了现场排查。排查情况显示，全国 259 个地级城市黑臭水体数量为 1 807 个，消除比例为 72.1%。其中，长江经济带 98 个地级城市黑臭水体数量为 1 048 个，消除比例为 74.4%，黑臭水体整治工作取得了明显的成绩。2019 年 6 月，财政部等三部委公布第二批城市黑臭水体治理示范城市，包括辽源、南宁、德阳等 20 个城市。2019 年 10 月，财政部等三部委公布了第三批城市黑臭水体治理示范城市入围名单，衡水、晋城、呼和浩特等 20 个城市入围。

（2）大气污染防治资金

2019年9月，财政部发布《关于下达2019年度大气污染防治资金预算的通知》（财资环〔2019〕6号），安排大气污染防治专项资金250亿元，其中清洁取暖试点资金152亿元，打赢蓝天保卫战重点任务资金95.94亿元，氢氟碳化物销毁处置补贴资金2.06亿元。2019年大气污染防治专项资金预算比2018年增加了50亿元。我国对大气污染防治工作支持力度不断增强，中央财政累计安排大气污染防治专项资金（于2013年设立）778亿元。我国在大气污染防治方面也取得了显著的成绩，煤炭消费占一次能源的比重从2013年的67.4%下降到2018年的59.0%，煤炭消费比重首次降低到60%以下；清洁能源消费占比从2013年的15.5%提升到2018年的22.1%。

（3）土壤污染防治专项资金

为深入贯彻落实《土壤污染防治行动计划》，促进土壤环境质量改善，财政部于 2019 年 6 月发布《关于下达 2019 年土壤污染防治专项资金预算的通知》（财资环〔2019〕8 号），2019 年土壤污染防治专项资金预算共计 50 亿元，比 2018 年土壤污染防治专项资金增加了 15 亿元。"十三五"以来，已累计安排土壤污染防治专项资金 240 亿元。同时，为加强土壤污染防治资金使用管理，财政部于 2019 年 6 月发布了《土壤污染防治专项资金管理办法》（财资环〔2019〕11 号），文件提出土壤污染防治专项资金实施期限至 2020 年，重点支持土壤污染状况详查和监测评估，建设用地、农用地地块调查及风险评估，土壤污染源头防控，土壤污染风险管控，土壤污染修复治理，设立省级土壤污染防治基金，土壤环境监管能力提升等方面以及与土壤环境质量改善密切相关的其他方面。

（4）农村环境整治资金

2019 年 6 月 13 日，财政部发布《关于下达 2019 年农村环境整治资金预算的通知》（财资环〔2019〕9 号），2019 年农村环境整治资金预算共计 41.835 1 亿元，其中农村污水治理综合试点预算 4.2 亿元。2019 年计划完成 2.5 万个建制村的环境综合整治任务，经过整治的村庄，饮用水水源地保护得到加强，农村生活污水和垃圾处理、畜禽养殖污染防治水平得到提高，村庄人居环境质量得到明显改善。与 2018 年相比，2019 年农村环境整治资金预算降低了 18.01 亿元。从 2008 年启动至今，中央财政累计安排农村环境整治专项资金 536.84 亿元。为加强农村环境整治资金使用管理，财政部于 2019 年 6 月 13 日印发的《农村环境整治资金管理办法》（财资环〔2019〕12 号），强调专项资金实施期限至 2020 年，专项资金重点支持农村污水和垃圾处理、规模化以下畜禽养殖污染治理、农村饮用水水源地环境保护、水源涵养及生态带建设等内容以及其他需要支持的事项。

（5）生态保护修复治理专项资金

2019 年 6 月 13 日，财政部发布《关于下达 2019 年度重点生态保护修复治理专项资金（第三批）预算的通知》（财资环〔2019〕13 号），根据第二批山水林田湖草生态保护修复试点工作安排，下达重点生态保护修复治理资金 30 亿元。2019 年 7 月 10 日，财政部发布《关于下达 2019 年度重点生态保护修复治理专项资金（第四批）预算的通知》（财资环〔2019〕23 号），根据历史遗留废弃矿山环境治理工作安排，下达重点生态保护修复治理资金 20 亿元。2019 年 10 月 31 日，财政部下达了 2020 年度重点生态保护修复治理资金（第一批）100 亿元，用于支持第三批山水林田湖草生态保护修复工程试点；同时下达 2020 年度重点生态保护修复治理资金（第二批），用于开展历史遗留废弃工矿土地整治工作。

3.1.3 支持民营及小微企业发展

民营和小微企业是我国经济社会发展不可或缺的重要力量。为贯彻落实党中央、国务院关于支持民营和小微企业发展的决策部署，更好地发挥财政资金的引导作用，探索改善民营和小微企业金融服务的有效模式，2019 年 7 月 16 日，财政部联合科技部、工业和信息化部、人民银行、银保监会印发的《关于开展财政支持深化民营和小微企业金融服务综合改革试点城市工作的通知》（财金〔2019〕62 号），提出了中央财政对民营和小微企业金融服务综合改革试点城市工作给予资金奖励的政策。

从 2019 年起，中央财政通过普惠金融发展专项资金每年安排约 20 亿元资金，支持一定数量的试点城市。试点期限暂定为 3 年，东部、中部、西部地区每个试点城市的奖励标准分别为 3 000 万元、4 000 万元、5 000 万元。奖励资金可用于试点城市金融机构的民营和小微企业信贷风险补偿或代偿，或用于试点城市政府性融资担保机构的资本补充。试点城市应注重加强部门统筹协调和政策联动，特别是与中央财政已出台的小微企业融资担保降费奖补、中小企业信用担保代偿补偿等政策形成互补和合力，不得对同一主体重复安排资金支持。鼓励有条件的省份适当安排资金比照省内深化民营和小微企业金融服务综合改革试点城市开展工作。

对于试点城市的选择，通知规定为更好发挥统筹资源、优化平台、创新服务的作用，试点城市一般应为地级市（含直辖市、计划单列市所辖县区）、省会（首府）城市所属区县、国家级新区。地市级行政区少于 10 个的省（区）[包括吉林、福建、海南、贵州、西藏、青海、宁夏，共 7 个省（区）] 及 5 个计划单列市，每年确定 1 个试点城市；其他省

（区）及 4 个直辖市，每年确定 2 个试点城市。试点城市可重复申报。

3.1.4 推动新能源汽车产业发展

为支持新能源汽车产业高质量发展，做好新能源汽车推广应用，财政部、工业和信息化部、科技部和国家发展改革委于 2019 年 3 月 26 日联合发布的《关于进一步完善新能源汽车推广应用财政补贴政策的通知》（财建〔2019〕138 号），提出要完善补贴标准，分阶段释放压力，根据新能源汽车规模效益、成本下降等因素以及补贴政策退坡退出的规定，降低新能源乘用车、新能源货车补贴标准，促进产业优胜劣汰；完善清算制度，提高资金效益，从 2019 年起，对有运营里程要求的车辆，完成销售上牌后即可预拨一部分资金，满足里程要求后可按程序申请清算。

该通知从 2019 年 3 月 26 日起实施，2019 年 3 月 26 日至 6 月 25 日为过渡期。过渡期期间，对于符合 2018 年技术指标要求但不符合 2019 年技术指标要求的销售上牌车辆，按照《关于调整完善新能源汽车推广应用财政补贴政策的通知》（财建〔2018〕18 号）对应标准的 0.1 倍给予补贴；符合 2019 年技术指标要求的销售上牌车辆按 2018 年对应标准的 0.6 倍给予补贴；销售上牌的燃料电池汽车按 2018 年对应标准的 0.8 倍给予补贴。

为促进公共交通领域消费，推动公交行业转型升级，加快公交车新能源化，2019 年，财政部、工业和信息化部、交通运输部、国家发展改革委四部委联合发布《关于支持新能源公交车推广应用的通知》（财建〔2019〕213 号），通知明确规定，有关部门将研究完善新能源公交车运营补贴政策，从 2020 年开始，采取"以奖代补"方式重点支持新能源公交车运营。

为贯彻落实《中华人民共和国车辆购置税法》，财政部、国家税务总局于 2019 年 6 月发布《关于继续执行的车辆购置税优惠政策的公告》。2018 年 1 月 1 日至 2020 年 12 月 31 日，购置新能源汽车免征车辆购置税。具体操作按照《关于免征新能源汽车车辆购置税的公告》（财政部 国家税务总局 工业和信息化部 科技部公告 2017 年第 172号）有关规定执行。

3.1.5 推进农村"厕所革命"

2019 年 4 月，财政部、农业农村部发布《关于开展农村"厕所革命"整村推进财政奖补工作的通知》（财农〔2019〕19 号），组织开展农村"厕所革命"整村推进财政奖补工作。中央财政安排资金，用 5 年左右的时间，以奖补方式支持和引导各地推动有条件的农村普及卫生厕所，实现厕所粪污基本得到处理和资源化利用的目标，切实改善农村人居环境。

通知提出以行政村为单元进行奖补，实施整村推进，整体规划设计，整体组织发动，同步实施户厕改造、公共设施配套建设，并建立健全后期管护机制，逐步覆盖具备条件的村庄，持续稳定解决农村厕所问题。改厕过程中注重发挥农民作为参与者、建设者和受益者的主体作用。强化政府规划引领、资金政策支持作用，引导村组织、农民和社会主体共同参与实施整村推进。

通知明确落实"地方为主、中央补助"政策，地方各级财政部门应加强农村"厕所革命"的财政保障，注重资金绩效的评价。中央财政对地方开展此项工作给予适当奖补。中央财政统筹考虑不同区域经济发展水平、财力状况、基础条件，实行东部、中部、西部差别化奖补标准，结合阶段性改厕工作计划安排财政奖补资金，并适当向中部、西部倾斜。

2019 年 8 月 15 日，农业农村部、财政部召开全国推进农村"厕所革命"视频会议。会上透露，2019 年，中央财政首次启动实施农村"厕所革命"整村推进奖补政策，安排 70 亿元资金用于支持实施奖补政策，确保改厕任务优质、高效落实。

3.1.6 完善行业资金管理办法

（1）支持服务业发展

为支持服务业加快发展，中央财政设立服务业发展资金。为加强资金管理、提高资金使用效益，财政部于 2019 年 3 月发布的《服务业发展资金管理办法》（财建〔2019〕50 号），对原《服务业发展资金管理办法》进行了重新修订。新办法指出，服务业发展资金主要用于支持创新现代商品流通方式，改善现代服务业公共服务体系，推动流通产业结构调整，促进城乡市场发展，扩大国内消费，提升消费品质，具体包括：①电子商务、现代供应链服务、科技服务、环保服务、信息服务、知识产权服务等现代服务业；②养老服务、健康服务、家政服务等民生服务业；③农村生产、生活用品流通及服务体系建设；④全国跨区域农产品流通网络建设；⑤现代服务业的区域性综合试点；⑥规范商贸流通业的市场环境，建设维护诚信等制度体系；⑦财政部会同相关业务主管部门确定的其他相关领域。资金不得用于征地拆迁、人员经费等经常性开支以及提取工作经费。地方应发挥财政引导、市场主导作用，结合项目特点，因地制宜采取财政补助、以奖代补、股权投资、政府购买服务等支持方式，明确支持的比例和上限，对符合要求的项目予以支持。

服务业发展资金原则上采取因素法分配；确需考虑专业规划布局、项目特点的，采取项目法分配，实施全过程绩效管理。根据新办法："采取因素法分配的，主要依据当年预算规模、支持方向及工作基础等因素，进行测算及安排资金。每年度资金分配到各省、自治区、直辖市级财政部门时，工作基础权重 30%，发展指标权重 30%，绩效考核结果或资金使用情况权重 20%，其他相关因素权重 20%。"采取项目法分配的，通过专家评审、竞争性谈判、招标等方式选拔符合要求的企业或单位。服务业发展资金实施期限至 2022 年，届时将根据国家服务业发展情况评估确定是否继续实施和延续期限。

（2）支持可再生能源行业发展

按照《中央对地方专项转移支付管理办法》（财预〔2015〕230 号）等文件要求，财政部于 2019 年 6 月发布《可再生能源发展专项资金管理暂行办法》（财建〔2019〕298 号）的补充通知，对《可再生能源发展专项资金管理暂行办法》（财建〔2015〕87 号）有关事项进行了补充。补充通知提出，可再生能源发展专项资金实施期限为 2019 年至 2023 年。其中，"十三五"农村水电增效扩容改造中央财政补贴于 2020 年政策期满后结束。财政部根据国务院有关规定及可再生能源发展形势需要等进行评估，根据评估结果再作调整。可再生能源发展专项资金支持农村水电增效扩容改造。农村水电增效扩容改造采取据实结算方式，"十三五"期间按照改造后电站装机容量（含生态改造新增）进行奖励。可再生能源发展专项资金支持煤层气（煤矿瓦斯）、页岩气、致密气等非常规天然气开采利用，2018 年，补贴标准为 0.3 元/m³，自 2019 年起，不再按定额标准进行补贴，按照"多增多补"的原则，对超过 2018 年开采利用量的，按照超额程度给予梯级奖补；相应地，对未达到 2018 年开采利用量的，按照未达标程度扣减奖补资金。同时，对取暖季生产的非常规天然气增量部分，给予超额系数折算，体现"冬增冬补"的原则。

（3）支持污水处理行业发展

财政部于 2019 年 6 月 13 日发布《城市管网及污水处理补助资金管理办法》（财建〔2019〕288 号），支持城市管网建设、城市地下空间集

约利用、城市污水处理设施建设、城市排水防涝及水生态修复。补助资金用于支持海绵城市建设试点、地下综合管廊建设试点、城市黑臭水体治理示范、中西部地区城镇污水处理提质增效等事项。补助资金整体实施期限不超过 5 年。海绵城市建设及地下综合管廊建设试点每批次实施期限为 3 年，到 2018 年年底全部到期结束，2019 年、2020 年开展政策收尾有关工作；城市黑臭水体治理示范 2018 年起分批启动，2020 年年底全部到期结束；中西部地区城镇污水处理提质增效工作 2018 年启动，2021 年年底到期结束。

管理办法规定按照既定补贴标准对试点城市给予定额补助（海绵城市试点：直辖市 6 亿元/年，省会城市 5 亿元/年，其他城市 4 亿元/年；地下综合管廊试点：直辖市 5 亿元/年，省会城市 4 亿元/年，其他城市 3 亿元/年）。试点期满后，根据绩效评价结果，对每批次综合评价排名靠前及应用 PPP 模式效果突出的，按照定额补助总额的 10%给予奖励。黑臭水体治理示范通过竞争性评审等方式确定示范城市。财政部会同住房和城乡建设部等部门共同印发申报通知，通过组织专家资料审核、现场公开评审，确定年度入围城市。中央财政对入围城市给予定额补助，根据入围批次，补助标准分别为 6 亿元、4 亿元、3 亿元。中西部城镇污水处理提质增效方面，根据住房和城乡建设部组织中西部省份上报确定的 3 年建设任务投资额，按因素法分配资金，并按照相同投资额中、西部 0.7∶1 的比例，对西部地区给予倾斜。具体计算公式为：某省份年度获取资金额度=年度资金总额×某省份 3 年建设任务总投资额×中西部调节系数/Σ（中西部省份 3 年建设任务总投资额×中西部调节系数）。

3.1.7 推进地方政府专项债发行

2019 年 6 月，中共中央办公厅、国务院办公厅印发的《关于做好地方政府专项债券发行及项目配套融资工作的通知》，提出充分发挥专项债券作用，支持有一定收益但难以商业化合规融资的重大公益性项目（以下简称重大项目）。同时提出合理明确金融支持专项债券项目标准。对没有收益的重大项目，通过统筹财政预算资金和地方政府一般债券予以支持。对有一定收益且收益全部属于政府性基金收入的重大项目，由地方政府发行专项债券融资。聚焦重点领域和重大项目，重点支持京津冀协同发展、长江经济带发展、"一带一路"建设、粤港澳大湾区建设、长三角区域一体化发展、推进海南全面深化改革开放等重大战略和乡村振兴战略，以及推进棚户区改造等保障性安居工程、易地扶贫搬迁后续扶持、自然灾害防治体系建设、铁路、收费公路、机场、水利工程、生态环保、医疗健康、水电气热等公用事业、城镇基础设施、农业农村基础设施等领域以及其他纳入"十三五"规划符合条件的重大项目。

地方政府专项债支持生态环保项目力度不断增强。2019 年 9 月 4 日国务院常务会议要求提前下达 2020 年部分专项债额度，加快地方政府专项债发行速度，并扩大专项债使用范围，重点用于包括污水垃圾处理、水电气热等基础设施和生态环保项目等基础建设领域，并明确上述领域的专项债可用作项目资本金范围（专项债资金用于项目资本金的规模可占该省专项债规模 20%左右）。2019 年 11 月 13 日，国务院常务会议明确指出对于补短板的生态环保等基础设施项目，在收益可靠、风险可控的前提下，可适当降低资本金最低比例，下调幅度不超过 5 个百分点。根据 Wind 数据统计，2019 年地方政府专项债发行规模达 2.15 万亿

元，其中投入环保公用事业的专项债总额达 1 214 亿元。综上所述，生态环保领域有望成为专项债的重要投资领域。

3.1.8 优化政府采购机制及环境

（1）调整优化节能产品、环境标志产品政府采购执行机制

为落实"放管服"改革要求，完善政府绿色采购政策，简化节能（节水）产品、环境标志产品政府采购执行机制，优化供应商参与政府采购活动的市场环境，2019 年 2 月 1 日，财政部、国家发展改革委、生态环境部、市场监管总局等部门发布《关于调整优化节能产品、环境标志产品政府采购执行机制的通知》（财库〔2019〕9 号）。

通知强调了对政府采购节能产品、环境标志产品实施品目清单管理。财政部、国家发展改革委、生态环境部等部委根据产品节能环保性能、技术水平和市场成熟程度等因素，确定实施政府优先采购和强制采购的产品类别及所依据的相关标准规范，以品目清单的形式发布并适时调整。不再发布"节能产品政府采购清单"和"环境标志产品政府采购清单"。依据品目清单和认证证书实施政府优先采购和强制采购。采购人拟采购的产品属于品目清单范围的，采购人及其委托的采购代理机构应当依据国家确定的认证机构出具的、处于有效期之内的节能产品、环境标志产品认证证书，对获得证书的产品实施政府优先采购或强制采购。

通知强调了要逐步扩大节能产品、环境标志产品认证机构范围。逐步增加实施节能产品、环境标志产品认证的机构，建立认证机构信用监管机制，严厉打击认证违法行为。市场监管总局组织建立节能产品、环境标志产品认证结果信息发布平台，公布相关认证机构和获证产品信息。加大政府绿色采购力度，对于已列入品目清单的产品类别，采购人

可在采购需求中提出更高的节约资源和保护环境的要求，对符合条件的获证产品给予优先待遇。对于未列入品目清单的产品类别，鼓励采购人综合考虑节能、节水、环保、循环、低碳、再生、有机等因素，参考相关国家标准、行业标准或团体标准，在采购需求中提出相关绿色采购要求，促进绿色产品的推广应用。

（2）推动政府采购公平竞争

2019 年 7 月 26 日，财政部发布的《关于促进政府采购公平竞争优化营商环境的通知》（财库〔2019〕38 号），提出全面清理政府采购领域妨碍公平竞争的规定和做法，重点清理和纠正以下问题：①以供应商的所有制形式、组织形式或者股权结构，对供应商实施差别待遇或者歧视待遇，对民营企业设置不平等条款，对内资企业和外资企业在中国境内生产的产品、提供的服务区别对待；②除小额零星采购适用的协议供货、定点采购以及财政部另有规定的情形外，通过入围方式设置备选库、名录库、资格库作为参与政府采购活动的资格条件，妨碍供应商进入政府采购市场；③要求供应商在政府采购活动前进行不必要的登记、注册，或者要求设立分支机构，设置或者变相设置进入政府采购市场的障碍；④设置或者变相设置供应商规模、成立年限等门槛，限制供应商参与政府采购活动；⑤要求供应商购买指定软件，作为参加电子化政府采购活动的条件；⑥不依法及时、有效、完整发布或者提供采购项目信息，妨碍供应商参与政府采购活动；⑦强制要求采购人采用抓阄、摇号等随机方式或者比选方式选择采购代理机构，干预采购人自主选择采购代理机构；⑧设置没有法律法规依据的审批、备案、监管、处罚、收费等事项；⑨除《政府采购货物和服务招标投标管理办法》第六十八条规定的情形外，要求采购人采用随机方式确定中标、成交供应商；⑩违反法律法规相关规定的其他妨碍公平竞争的情形。

通知强调严格执行公平竞争审查制度，充分听取市场主体和相关行业协会、商会意见，评估对市场竞争的影响，防止出现排除、限制市场竞争问题。加强政府采购执行管理，优化采购活动办事程序，细化采购活动执行要求，规范保证金收取和退还，及时支付采购资金，完善对供应商的利益损害赔偿和补偿机制等。同时，加快推进电子化政府采购，进一步提升政府采购透明度并完善政府采购质疑投诉和行政裁决机制。

3.2 价格政策

3.2.1 完善绿色发展价格机制

2018年6月，国家发展改革委发布了《关于创新和完善促进绿色发展价格机制的意见》（发改价格规〔2018〕943号）。此后，四川、贵州、甘肃、青海、新疆、河南、云南、内蒙古等多个省（区）结合当地实际情况推出了相应的促进政策。提出按照污染者付费和补偿成本并合理盈利的原则，加快建立健全能够充分反映市场供求和资源稀缺程度、体现生态价值和环境损害成本的资源环境价格机制，不断完善污水处理费、固体废物处理费、水价、电价、天然气价格等收费政策，创造更加有利于环保投资、运营的环境，不断做大环境企业盈利空间，催生环保行业的投资机会。

3.2.2 实行城镇非居民用水超定额累进加价制度

为充分发挥价格机制在水资源配置中的调节作用，促进水资源可持续利用和城镇节水减排，2017年10月12日，国家发展改革委、住房和城乡建设部印发《关于加快建立健全城镇非居民用水超定额累进加价制度的指导意见》（发改价格〔2017〕1792号），指导各地全面推行非居民用水超定额累进加价制度，合理确定分档水量和加价标准。2019年4月15日，国家发展改革委、水利部印发《国家节水行动方案》（发改环资规〔2019〕695号），方案要求全面深化水价改革，适时完善居民阶梯水价制度。2019年1月，四川省发展改革委、住房和城乡建设厅、水利厅发布了《关于建立健全和加快推行城镇非居民用水超定额累进加价制定的实施意见》（川发改价格〔2018〕509号）。2019年7月，上海市发展改革委发布了《建立健全上海市城镇非居民用水超定额累进加价制度的实施方案》（沪发改规范〔2019〕9号）。截至2019年年底，全国31个省（区、市）均已制定出台城镇非居民用水超定额累进加价制度。

3.2.3 推进农业水价综合改革

2019年中央1号文件《中共中央 国务院关于坚持农业农村优先发展做好"三农"工作的若干意见》（中发〔2019〕1号）中，明确指出"加快推进农业水价综合改革，健全节水激励机制"。2019年5月15日，国家发展改革委、财政部、水利部、农业农村部联合印发《关于加快推进农业水价综合改革的通知》（发改价格〔2019〕855号），文件提出2019年新增改革实施面积1.2亿亩以上，北京、上海、江苏、浙江等重点地区确保改革任务大头落地，明确2019年农业水价综合改革工作绩效考核内容主要包括当年改革实施面积、供水计量设施配套、农业用水总量控制、田间工程管护、水价形成机制、精准补贴和节水奖励6项重点改革内容。福建、广东、河南、湖南等地区也陆续发布相关推进农业水价综合改革工作的通知，扎实开展各项工作。已实施改革

的区域要按照《国务院办公厅关于推进农业水价综合改革的意见》（国办发〔2016〕2号）的要求，统筹推进农业水价形成机制、精准补贴和节水奖励机制、工程建设和管护机制、用水管理机制等四项机制的建立。

3.2.4 降低一般工商业电价

（1）进一步降低一般工商业电价

2019年国务院政府工作报告提出："深化电力市场化改革，清理电价附加收费，降低制造业用电成本，一般工商业平均电价再降低10%。"2019年3月27日，国家发展改革委发布《关于电网企业增值税税率调整相应降低一般工商业电价的通知》（发改价格〔2019〕559号），开启了降低电价热潮。全国已有26个省（区、市）发布了2019年降低电价通知，并公开了降价后电网销售电价表。

（2）持续完善差别电价政策

2019年9月，江苏省发展改革委、工业和信息化厅发布的《关于完善差别化电价政策促进绿色发展的通知》（苏发改价格发〔2019〕846号），进一步明确差别化电价政策执行范围，实行更加严格的差别化电价政策，实施动态的差别化电价政策管理机制，对能源消耗超过限额标准的企业实行惩罚性电价，最高加价0.35元/（kW·h）；对于使用国家明令淘汰的高耗能设备的，实现淘汰类设备差别电价，加价标准最高0.50元/（kW·h）。2019年9月16日，安徽省发展改革委发布的《安徽省发展改革委关于完善差别电价政策有关事项的通知（征求意见稿）》，明确铁合金、水泥、钢铁等7大淘汰类和限制类企业用电将实行更高的用电价格。

3.3 税收政策

3.3.1 污染防治第三方企业所得税优惠政策

为鼓励污染防治企业的专业化、规模化发展，更好地支持生态文明建设，2019 年 4 月，财政部、国家税务总局、国家发展改革委、生态环境部联合发布《关于从事污染防治的第三方企业所得税政策问题的公告》（财政部公告 2019 年第 60 号），公告对符合条件的从事污染防治的第三方企业减按 15% 的税率征收企业所得税。公告执行期限为 2019 年 1 月 1 日至 2021 年 12 月 31 日。

3.3.2 免征部分环保设备关税和进口环节增值税政策

2019 年 11 月，财政部、工业和信息化部、海关总署、国家税务总局、国家能源局印发的《关于调整重大技术装备进口税收政策有关目录的通知》（财关税〔2019〕38 号），对符合规定条件的国内企业为生产《国家支持发展的重大技术装备和产品目录（2019 年修订）》所列装备或产品而确有必要进口《重大技术装备和产品进口关键零部件、原材料商品目录（2019 年修订）》所列商品的，免征关税和进口环节增值税。《国家支持发展的重大技术装备和产品目录（2019 年修订）》包括大型环保及资源综合利用设备共 7 项，其中，大气污染治理设备 2 项、资源综合利用设备 5 项，与《国家支持发展的重大技术装备和产品目录（2018 年修订）》相比减少了挥发性有机污染物处理设备、生活垃圾热解气化装备、报废汽车拆解生产线，新增了生物质气发电机组。

3.3.3 小微企业普惠性税收减免政策

为贯彻落实党中央、国务院决策部署，进一步支持小微企业发展，2019 年 1 月，财政部、国家税务总局发布《关于实施小微企业普惠性税收减免政策的通知》(财税〔2019〕13 号)，通知要求对月销售额 10 万元以下（含本数）的增值税小规模纳税人免征增值税；对小型微利企业年应纳税所得额不超过 100 万元的部分，按 25%计入应纳税所得额，按 20%的税率缴纳企业所得税；对年应纳税所得额超过 100 万元但不超过 300 万元的部分，按 50%计入应纳税所得额，按 20%的税率缴纳企业所得税；进一步扩大了创投企业和天使投资人享受投资抵扣优惠的投资对象范围，享受创业投资税收优惠的被投资对象范围由从业人数不超过 200 人、资产总额和年销售收入均不超过 3 000 万元进一步扩展到从业人数不超过 300 人、资产总额和年销售收入均不超过 5 000 万元。执行期限为 2019 年 1 月 1 日至 2021 年 12 月 31 日。

3.3.4 推进增值税实质性减税

2019 年 3 月，财政部、国家税务总局、海关总署发布《关于深化增值税改革有关政策的公告》(财政部 国家税务总局 海关总署公告 2019 年第 39 号)，从 2019 年 4 月 1 日起，我国制造业等行业增值税税率将由 16%降至 13%，交通运输业和建筑业等行业增值税税率将由 10%降至 9%。

3.4　金融政策

3.4.1　《绿色产业指导目录（2019 年版）》

2019 年 3 月，国家发展改革委等七部委联合出台了《绿色产业指导目录（2019 年版）》（发改环资〔2019〕293 号），该指导目录是我国目前界定绿色产业和项目最全面、最详细的指导文件，有利于进一步厘清产业边界，将有限的政策和资金引导到对推动绿色发展最重要、最关键、最紧迫的产业上；有效服务于重大战略、重大工程、重大政策，为打赢污染防治攻坚战、建设美丽中国奠定坚实的产业基础；也为制定绿色信贷标准、绿色债券标准、绿色企业标准以及地方绿色金融标准等其他标准提供统一的基础参考，有助于金融产品服务标准的全面制定、更新和修订。绿色金融各项标准的不断出台与落地将有效促进和规范我国绿色金融健康、快速发展，我国绿色金融标准将逐步统一。

3.4.2　推进绿色金融改革创新试验区的建设

自 2017 年 6 月国务院批准在浙江、江西、广东、贵州和新疆 5 省份设立 8 个绿色金融改革创新试验区以来，我国绿色金融迈入"自上而下"的顶层设计和"自下而上"的区域探索相结合的发展新阶段。各个绿色金融试验区从不同角度开展绿色金融创新，陆续推出了环境权益抵（质）押融资、绿色市政债券等多项创新型绿色金融产品和工具。广州市花都区创新碳排放权抵（质）押融资等产品，带动企业自觉实现节能减排与绿色转型发展。江西省推动了绿色市政专项债券，

赣江新区于 2019 年 6 月成功发行 3 亿元绿色市政专项债券,期限为 30 年,为全国首单绿色市政专项债。浙江省衢州市探索创新了"一村万树"绿色期权,由投资主体对"一村万树"进行天使投资,向村集体出资认购资产包,并享受约定时限期满后的资产处置权。浙江省湖州银行采纳赤道原则,成为我国境内第三家赤道银行,在组织保障上从上到下设立董事会绿色金融委员会、领导小组、绿色金融部、绿色支行,形成了较完善的绿色金融组织体系。同时紧紧围绕地方产业特色开发的"园区贷"等绿色信贷产品,成功发行绿色金融债 10 亿元,发放地方版绿色科企"投贷联动"6.8 亿元。

3.4.3 推动金融支持绿色产业发展

国家开发银行通过发展绿色金融,支持推进工业节能与绿色发展。2019 年 3 月,工业和信息化部办公厅、国家开发银行办公厅联合发布《关于加快推进工业节能与绿色发展的通知》(工信厅联节〔2019〕16 号),双方进一步发挥部行合作优势,充分借助绿色金融措施,大力支持工业节能降耗、降本增效,实现绿色发展,提出以长江经济带、京津冀及周边地区、长三角地区、汾渭平原等地区为重点,强化工业节能和绿色发展工作,重点支持工业能效提升、清洁生产改造、资源综合利用、绿色制造体系建设。国家开发银行切实发挥国内绿色信贷主力银行作用,按照"项目战略必要、整体风险可控、业务方式合规"的原则,以合法合规的市场化方式支持工业节能与绿色发展重点项目,推动工业补齐绿色发展短板。拓展中国人民银行抵押补充贷款资金运用范围至生态环保领域,并给予低成本资金支持。工业和信息化部则会同国家开发银行统筹用好各项支持引导政策和绿色金融手段,对已获得绿色信贷支持的企业、园区、项目,优先列入技术改造、绿色制造等财政专项支持范围,综合应用财税、金融等多种手段，共同推进工业节能与绿色发展。

加快金融支持服务民营企业的步伐。2019 年 1 月，生态环境部、全国工商联发布的《关于支持服务民营企业绿色发展的意见》（环综合〔2019〕6 号）指出，应加快推动设立国家绿色发展基金，鼓励有条件的地方政府和社会资本共同发起区域性绿色发展基金，支持民营企业污染治理和绿色产业发展；完善环境污染责任强制保险制度，将环境风险高、环境污染事件较为集中的行业企业纳入投保范围；健全企业环境信用评价制度，充分运用企业环境信用评价结果，创新抵押担保方式；鼓励民营企业设立环保风投基金，发行绿色债券，积极推动金融机构创新绿色金融产品，发展绿色信贷，推动解决民营企业环境治理融资难、融资贵问题。目前，上海市人民政府、财政部、生态环境部推动设立国家绿色发展基金，引导社会资本向生态环境保护投入，推进环保产业发展。中共中央办公厅、国务院办公厅印发的《关于加强金融服务民营企业的若干意见》（中办发〔2019〕6 号），聚焦金融机构对民营企业"不敢贷、不愿贷、不能贷"问题，要求积极帮助民营企业融资纾困，着力化解流动性风险并切实维护企业合法权益，从实际出发帮助遭遇风险事件的企业摆脱困境，加快清理拖欠民营企业账款，企业要主动创造有利于融资的条件。

加大对生物天然气项目的信贷支持。2019 年 12 月，国家发展改革委、国家能源局、财政部等 10 部门联合发布的《关于促进生物天然气产业化发展的指导意见》（发改能源规〔2019〕1895 号），指出引导银行业金融机构开展绿色金融产品创新，加大对生物天然气项目的信贷支持。组织生物天然气产业化项目建设，加快建立完善支持政策体系。表明国家将加快生物质能产业转型升级步伐，未来非电利用（生物燃气、清洁供热、液体燃料等）将成为生物质能主要利用方式，这将有利于畜

禽粪污、餐厨垃圾、农副产品加工废水等对水环境有较大影响的城乡有机废弃物的无害化处置。

　　银行保险业助力美丽乡村建设。2019 年 3 月，中国银保监会办公厅发布的《关于做好 2019 年银行业保险业服务乡村振兴和助力脱贫攻坚工作的通知》（银保监办发〔2019〕38 号）指出，进一步加大对农村高标准农田、交通设施、水利设施、电网、通信、物流等领域的中长期信贷支持。大力发展绿色金融，重点支持生态系统保护和修复工程。

专栏 3-1　绿色金融实施成效显著

　　绿色信贷取得积极进展。中国银行保险监督管理委员会数据显示，我国 21 家主要银行机构①绿色信贷贷款余额从 2013 年 6 月末的 4.85 万亿元提升到 2019 年 6 月末的 10 万亿元以上（10.6 万亿元），占 21 家银行各项贷款总额的 9.6%。其中，绿色交通项目、可再生能源及清洁能源项目、工业节能节水环保项目的贷款余额及增幅规模位居前列。

　　绿色债券市场呈爆发态势。2019 年，中国境内外绿色债券发行规模合计 3 390.62 亿元人民币，发行数量 214 单，同比分别增长 26% 和 48%，约占同期全球绿色债券发行规模的 21.3%，位居全球绿色债券市场前列。从境内发行情况来看，2019 年共有 146 个主体累计发行贴标绿色债券 197 单，发行规模总计 2 822.93 亿元，同比增长 26%。其中包括普通绿色债券 165 单，规模 2 430.87 亿元，以及绿色资产支持证券 32 单，规模 392.06 亿元。从境外发行情况来看，

---

① 21 家主要银行机构包括：国家开发银行、中国进出口银行、中国农业发展银行、中国工商银行、中国农业银行、中国银行、中国建设银行、交通银行、中信银行、中国光大银行、华夏银行、广东发展银行、平安银行、招商银行、浦发银行、兴业银行、民生银行、恒丰银行、浙商银行、渤海银行、中国邮政储蓄银行。

2019 年中国境内主体在境外累计发行 17 单绿色债券，规模约合人民币 567.69 亿元，同比增长 25%。从债券类型发行数量来看，全年绿色公司债券共发行 65 单，同比增长 97%，增长最快。

绿色保险创新产品及政策保障不断推出。2019 年 3 月，中国人保财险北京市分公司向北京永辉志信房地产开发有限公司颁发了全国首张绿色建筑性能责任保险保单，以北京市朝阳区崔各庄奶东村企业升级改造项目为试点，大力推进绿色建筑由绿色设计向绿色运行转化。2019 年 6 月 18 日，厦门市人民政府发布的《关于在环境高风险领域推行环境污染强制责任保险制度的意见》，提出在重金属污染行业、危险废物污染行业、使用尾矿库且环境风险等级为较大及以上的企业、其他环境高风险行业推行环境污染强制责任保险制度。2019 年 7 月 31 日，浙江宁波斯迈克制药、欧诺法化学等 6 家企业负责人分别与人保财险、第三方环保服务机构签署合作协议，标志着宁波在全省首创的生态环境绿色保险项目①率先在北仑试行。2019 年 9 月 13 日，广西玉林市博白县（广西第一生猪大县）沼液粪肥收运还田服务第三方——广西益江环保科技股份有限公司与中国大地财产保险股份有限公司玉林中心支公司签订了一份保单，对承保区域博白县东平镇因规范施用沼液造成的作物烧苗死苗损失提供赔付保障，这是全国第一张"沼液粪肥还田服务第三者责任险"保单，开创了利用保险工具助力粪污治理和资源化的先河。

绿色发展基金与绿色资产支持票据实践活跃。2019 年 11 月，河南省财政统筹整合资金，吸引省辖市社会资本参与，组建河南省绿色发展基金，基金总规模设立为 160 亿元，重点支持河南省内清洁能源、生态环境保护和恢复治理、垃圾污水处理、土壤修复与治理、绿色林业等领域的项目②。2019 年 11 月 27 日，

---

① 宁波生态环境绿色保险采用"保障+服务+补偿"模式，通过保险公司聘请第三方环保服务机构为企业提供专业服务，对存在的环境问题进行"问诊"和"会诊"。保险公司一方面对聘请的第三方环保服务机构进行监督，确保服务质量；另一方面为第三方环保服务机构的服务效果进行部分保证背书，若因其服务过失或服务缺失造成企业额外支出的由第三方机构核定的相关费用，保险公司按照保险协议约定进行补偿。同时，保险公司还对突发环境污染事故责任部分进行兜底保障。

② 新华网. 河南设立百亿元绿色发展基金推动生态文明建设，http://www.xinhuanet.com/fortune/2019-12/01/c_1125294452.htm。

长江绿色发展投资基金成立,总规模 1 000 亿元,重点投向长江经济带水污染治理、水生态修复、水资源保护、绿色环保及能源革命创新技术等领域[①]。据中债资信统计,2019 年,我国共发行绿色资产支持证券/票据数量为 33 单,发行总规模为 394.28 亿元。其中,绿色资产支持证券发行数量为 24 单,发行规模为 264.54 亿元;绿色资产支持票据发行数量为 9 单,发行规模为 29.73 亿元[②]。

3.5 贸易政策

3.5.1 共建绿色"一带一路"

2019 年 4 月,推进"一带一路"建设工作领导小组办公室发表题为《共建"一带一路"倡议:进展、贡献与展望》的报告,报告提出共建"一带一路"倡议,践行绿色发展理念,倡导绿色、低碳、循环、可持续的生产生活方式,致力于加强生态环保合作,防范生态环境风险,增进沿线各国政府、企业和公众的绿色共识及相互理解与支持,共同实现 2030 年可持续发展目标。报告还提出沿线各国需坚持环境友好,努力将生态文明和绿色发展理念全面融入经贸合作,形成生态环保与经贸合作相辅相成的良好绿色发展格局。各国需不断开拓生产发展、生活富裕、生态良好的文明发展道路。开展节能减排合作,共同应对气候变化。制定落实生态环保合作支持政策,加强生态系统保护和修复。探索发展绿色金融,将环境保护、生态治理有机融入现代金融体系。中国愿与沿线各国开展生态环境保护合作,将努力与更多

---

① 三峡记者站. 千亿长江绿色发展投资基金落户宜昌,http://sanxia.comnews.cn/article/dfsw/201911/20191100026403.shtml.

② http://greenfinance.xinhua08.com/zt/database/greenabsabn.shtml.

国家签署建设绿色丝绸之路的合作文件，扩大"一带一路"绿色发展国际联盟，建设"一带一路"可持续城市联盟。建设一批绿色产业合作示范基地、绿色技术交流与转移基地、技术示范推广基地、科技园区等国际绿色产业合作平台，打造"一带一路"绿色供应链平台，开展国家公园建设合作交流，与沿线各国一道保护好我们共同拥有的家园。

2019 年 4 月 25—27 日，第二届"一带一路"国际合作高峰论坛在北京成功举行。习近平主席出席论坛并发表主旨演讲，强调要秉持共商共建共享原则，坚持开放、绿色、廉洁理念，努力实现高标准、惠民生、可持续目标，推动共建"一带一路"沿着高质量发展方向不断前进。在绿色之路分论坛上，"一带一路"绿色发展国际联盟正式成立，并启动"一带一路"生态环保大数据服务平台，发布绿色高效制冷行动倡议、绿色照明行动倡议和绿色"走出去"行动倡议。

3.5.2 推进禁止洋垃圾入境工作

禁止洋垃圾入境工作稳步推进。我国不断落实《禁止洋垃圾入境推进固体废物进口管理制度改革实施方案》，顺利完成 2019 年度实施方案中的任务目标。据生态环境部统计，2019 年全国固体废物进口总量为 1 347.8 万 t，同比减少 40.4%，2020 年是禁止洋垃圾入境、推动固体废物进口管理制度改革的收官之年，力争在 2020 年年底基本实现固体废物零进口，全面完成各项改革任务。

海关总署"蓝天 2019"专项行动使"洋垃圾"走私活动得到有效遏制。"蓝天 2019"专项行动共开展三轮，海关总署在天津、山东、福建等 9 个省（市）同步开展集中缉查抓捕行动。经过持续强化监管、高压严打、综合治理，禁止洋垃圾入境专项工作取得阶段性成果，固体废物

进口量、发案数呈双下降趋势。据生态环境部统计，2019 年共查办洋垃圾走私案件 354 起，查证涉案固体废物 76.32 万 t，同比分别下降 21%、48.64%；抓获犯罪嫌疑人 376 名，同比下降 20.34%。在持续严打之下，按照最高人民法院、最高人民检察院、海关总署联合发布的关于敦促走私固体废物违法犯罪人员投案自首的公告要求，共有 56 名走私固体废物违法犯罪人员主动投案自首。

3.5.3　支持外商投资节能环保产业

国家发展改革委、商务部于 2019 年 6 月发布《鼓励外商投资产业目录（2019 年版）》，自 2019 年 7 月 30 日起施行。该产业目录是贯彻落实党中央、国务院开放发展部署的重要举措，在保持鼓励外商投资政策连续性、稳定性的基础上，进一步扩大鼓励外商投资范围，促进外资在现代农业、先进制造、高新技术、节能环保、现代服务业等领域投资，促进外资优化区域布局，更好地发挥外资在我国产业发展、技术进步、结构优化中的积极作用。《鼓励外商投资产业目录（2019年版）》是我国重要的外商投资促进政策，属于该目录的外商投资项目，可以依照法律、行政法规或者国务院的规定享受税收、土地等优惠待遇。该产业目录涉及污染防治设备、资源循环利用设备、环境监测仪器、水务环保及生态修复等数十项节能环保细分领域，有助于推动环保产业的技术进步、结构优化及转型升级。

3.5.4　推动贸易高质量发展

2019 年 11 月，中共中央、国务院印发《关于推进贸易高质量发展的指导意见》（国务院公报　2019 年第 35 号）。这是新形势下指导和引领我国外贸推进质量变革、动力变革、效率变革，充分发挥外贸对国民经济发展全局重要作用的纲领性文件，将新发展理念贯穿推进贸易高质量发展的全过程。明确提出要促进研发设计、节能环保、环境服务等生产性服务进口；发展绿色贸易，严格控制高污染、高耗能产品进出口。鼓励企业进行绿色设计和制造，构建绿色技术支撑体系和供应链，并采用国际先进环保标准，获得节能、低碳等绿色产品认证，实现可持续发展；拓宽双向投资领域，推动绿色基础设施建设、绿色投资，推动企业按照国际规则标准进行项目建设和运营。

4

环保产业引导规范型相关政策

4.1 监管政策

4.1.1 推动信用信息公开和共享

2019 年 4 月，国务院公布了修订后的《中华人民共和国政府信息公开条例》（国务院令 第 711 号），进一步扩大了政府信息主动公开的范围和深度，坚持"公开为常态、不公开为例外"的原则，凡是能主动公开的一律主动公开。

2019 年 7 月，国务院办公厅印发的《关于加快推进社会信用体系建设构建以信用为基础的新型监管机制的指导意见》（国办发〔2019〕35 号），提出以加强信用监管为着力点，创新监管理念、监管制度和监管方式，建立健全贯穿市场主体全生命周期，衔接事前、事中、事后全监管环节的新型监管机制，不断提升监管能力和水平。

2019 年 9 月，国家发展改革委办公厅发布的《关于推送并应用市场主体公共信用综合评价结果的通知》（发改办财金〔2019〕885 号），对全国 3 300 万家市场主体开展了第一期公共信用综合评价，并将评价结果纳入地方信用信息平台。

4.1.2　推进建设项目审批制度改革

2019 年 3 月，国务院发布的《关于全面开展工程建设项目审批制度改革的实施意见》（国办发〔2019〕11 号），对工程建设项目审批制度实施全流程、全覆盖改革。意见要求统一审批流程，统一信息数据平台，统一审批管理体系，统一监管方式，实现工程建设项目审批"四统一"，意见提出到 2019 年上半年全国工程建设项目审批时间压缩至 120 个工作日以内，省（区、市）和地级及以上城市初步建成工程建设项目审批制度框架和信息数据平台。2019 年年底前工程建设项目审批管理系统与相关系统平台实现互联互通。到 2020 年年底，基本建成全国统一的工程建设项目审批和管理体系。试点地区要继续深化改革，加大改革创新力度，进一步精简审批环节和事项，减少审批阶段，压缩审批时间，加强辅导服务，提高审批效能。

4.1.3　加快国有企业改革

2019 年 6 月，国家发展改革委等 13 个部门联合印发的《加快完善市场主体退出制度改革方案》，进一步畅通市场主体退出渠道，降低市场主体退出成本，激发市场主体竞争活力，完善优胜劣汰市场机制，明确国有企业退出机制。国务院国资委向各中央企业、地方国资委印发《国务院国资委授权放权清单（2019 年版）》，赋予企业更多自主权，促进激发微观主体活力与管住管好国有资本有机结合。

2019 年 10 月，国资委在总结中央企业混改所有制改革工作的基

础上，制定了《中央企业混合所有制改革操作指引》，要求中央企业所属各级子企业通过产权转让、增资扩股、首发上市（IPO）、上市公司资产重组等方式，引入非公有资本、集体资本，实施混合所有制改革。

2019年11月，国资委发布的《关于进一步推动构建国资监管大格局有关工作的通知》，要求统筹推进国有企业改革，各地国资委要充分发挥基层首创精神，组织实施好国有资本投资运营公司试点、"双百行动"和"区域性国资国企综合改革试点"等工作，探索在地方国有企业开展创建世界一流示范企业的工作。

4.1.4 进一步强化监管服务能力

2019年9月，国务院发布的《国务院关于加强和规范事中事后监管的指导意见》（国发〔2019〕18号），指出要持续深化"放管服"改革，坚持放管结合、并重，把更多行政资源从事前审批转到加强事中、事后监管上来，加快构建权责明确、公平公正、公开透明、简约高效的事中、事后监管体系，形成市场自律、政府监管、社会监督互为支撑的协同监管格局，切实管出公平、管出效率、管出活力，促进提高市场主体竞争力和市场效率，推动经济社会持续健康发展。

2019年9月，为深化"放管服"改革，进一步优化营商环境，主动服务企业绿色发展，协同推进经济高质量发展和生态环境高水平保护，生态环境部发布《关于进一步深化生态环境监管服务推动经济高质量发展的意见》（环综合〔2019〕74号），加大"放"的力度，激发市场主体活力；优化"管"的方式，营造公平市场环境；提升"服"的实效，增强企业绿色发展能力；精准"治"的举措，提升生态环境管理水平。

在"放"方面，依法取消环评单位资质许可，逐步下放项目环评审批权。2018年12月，《中华人民共和国环境影响评价法》（修正案）

（以下简称《环评法》）获第十三届全国人民代表大会常务委员会第七次会议通过。新《环评法》从法律层面取消了建设项目环境影响评价资质行政许可事项，环评领域原来5项行政审批中，只保留了建设项目环评审批1项。2019年1月，生态环境部发布《关于取消建设项目环境影响评价资质行政许可事项后续相关工作要求的公告》（暂行）（生态环境部公告 2019年第2号），自该公告发布之日起，《建设项目环境影响评价资质管理办法》（环境保护部令 第36号）停止执行，《关于发布〈建设项目环境影响评价资质管理办法〉配套文件的公告》（环境保护部公告 2015年第67号）即行废止。随后，生态环境部印发了《建设项目环境影响报告书（表）编制监督管理办法》（生态环境部令 第9号）以及《建设项目环境影响报告书（表）编制能力建设指南（试行）》《建设项目环境影响报告书（表）编制单位和编制人员信息公开管理规定（试行）》《建设项目环境影响报告书（表）编制单位和编制人员失信行为记分管理办法（试行）》等3个配套文件。随着环评审批权限的逐年下放、固定资产投资建设项目的减少、环评报告类别和内容的简化，环评市场持续萎缩。但是，随着环保督查力度不断加大，以"环保管家"为代表的综合性环境服务商受到地方政府部门、工业园区、企业等各方欢迎，诸多环评机构根据市场需求纷纷转型，开展环境咨询服务。

在"管"方面，强化事中、事后监管，推动环保信用评价。根据监督管理办法的要求，生态环境部建设完成全国统一的环境影响评价信用平台，并于2019年10月发布《关于启用环境影响评价信用平台的公告》（生态环境部公告 2019年第39号），信用平台于2019年11月1日正式启用。

4.1.5 限制、禁止有关产品使用及生产

为落实《关于持久性有机污染物的斯德哥尔摩公约》的履约要求，生态环境部、外交部等 11 个部门联合发布的《关于禁止生产、流通、使用和进出口林丹等持久性有机污染物的公告》（生态环境部 外交部 国家发展和改革委员会 科学技术部 工业和信息化部 农业农村部 商务部 国家卫生健康委员会 应急管理部 海关总署 国家市场监督管理总局公告 2019 年第 10 号），公布了林丹、硫丹、全氟辛基磺酸及其盐类和全氟辛基磺酰氟等禁止生产、流通、使用等管理的有关事项。

根据《中华人民共和国海洋环境保护法》《中华人民共和国海洋倾废管理条例》等相关规定，生态环境部组织对全国倾倒区进行了跟踪监测和容量评估，并于 2019 年 5 月发布《2019 年全国可继续使用倾倒区和暂停使用倾倒区名录》（生态环境部公告 2019 年第 17 号），生态环境部将继续组织开展倾倒区选划和跟踪监测工作，及时公布倾倒区相关管理信息。

2019 年 12 月，生态环境部、商务部及海关总署联合发布《中国严格限制的有毒化学品名录》（2020 年）（生态环境部公告 2019 年第 60 号），规定凡进口或出口名录所列有毒化学品的，应向生态环境部申请办理有毒化学品进（出）口环境管理放行通知单。进出口经营者应凭有毒化学品进（出）口环境管理放行通知单向海关办理进出口手续。

4.1.6 加强报废物品及危险货物运输管理

为了规范报废机动车回收活动、保护环境、促进循环经济发展、保障道路交通安全，2019 年 4 月，国务院发布《报废机动车回收管理办法》（国务院令 第 715 号），并于 2019 年 6 月 1 日起施行。该办法适应循环经济发展需要，允许将报废机动车"五大总成"出售给再制造企业，提高回收价值，要求落实国务院"放管服"改革精神，完善资质认定制度，简化办事程序；落实生态文明建设和绿色发展要求，突出加强环境保护；创新管理方式，加强事中、事后监管；调整适应《道路交通安全法》等法律法规。

为了加强危险货物道路运输安全管理，预防危险货物道路运输事故，保障人民群众生命、财产安全，保护环境，2019 年 11 月，交通运输部、工业和信息化部、公安部、生态环境部、应急管理部和国家市场监督管理总局发布《危险货物道路运输安全管理办法》（交通运输部令 2019 年第 29 号），对危险货物托运、承运、装卸及运输车辆管理等进行了详细规定，办法于 2020 年 1 月 1 日起施行。

4.1.7 规范民用核安全设备操作人员资格管理

为进一步加强核与辐射安全领域相关工作的规范化管理，加强民用核安全设备焊接人员的资格管理，加强民用核安全设备无损检验人员的资格管理，2019 年 6 月，生态环境部发布了《民用核安全设备焊接人员资格管理规定》（生态环境部令 第 5 号）、《民用核安全设备无损检验人员资格管理规定》（生态环境部令 第 6 号），规定从事民用核安全设备焊接活动的人员及从事民用核安全设备无损检验活动的人员应获取相关资质证书。《民用核安全设备焊接人员资格管理规定》《民用核安全设备无损检验人员资格管理规定》均自 2020 年 1 月 1 日起施行。

4.2 技术规范政策

4.2.1 制定重点行业排污许可相关技术规范

2019 年，为进一步完善排污许可技术支撑体系，生态环境部颁布了家具制造工业，酒、饮料制造工业，畜禽养殖行业，乳制品制造工业，调味品、发酵制品制造工业，电子工业，人造板工业，工业固体废物和危险废物治理，废弃资源加工工业，食品制造工业（方便食品、食品及饲料添加剂制造工业），无机化学工业，聚氯乙烯工业，危险废物焚烧，生活垃圾焚烧，生物药品制品制造，化学药品制剂制造，中成药生产，制革及毛皮加工工业，印刷工业等 20 项行业排污许可证申请与核发技术规范。

4.2.2 实施环境监测分析方法与技术规范

2019 年，生态环境部发布关于水、大气、土壤、固体废物等领域的环境监测分析方法与技术规范 59 项，其中，水环境监测分析方法与技术规范 26 项，包括草甘膦、磺酰脲类农药、联苯胺、萘酚等污染物监测分析方法标准及氨氮、化学需氧量、六价铬等水质在线自动监测仪技术要求及检测方法；大气环境监测分析方法标准与技术规范 14 项，包括固定污染源废气氟化氢、甲硫醇、溴化氢、氯苯类化合物、三甲胺、油烟和油雾及环境空气氮氧化物、二氧化硫等的测定；土壤和固体废物环境监测分析方法 19 项，包括粒度、石油类、草甘膦、苯氧羧酸类农药、六价铬、石油烃、铊、铜、锌、铅、镍、铬等的测定。

4.2.3 推进环境影响评价技术标准制定

制定环境影响评价技术导则。2019 年,生态环境部制定了《环境影响评价技术导则　铀矿冶》(HJ 1015.1—2019)和《环境影响评价技术导则　铀矿冶退役》(HJ 1015.2—2019),规范了铀矿冶建设项目和铀矿冶退役项目环境影响评价工作。

完善规划环境影响评价技术标准。2019 年生态环境部修订的《规划环境影响评价技术导则　总纲》,于 2020 年 3 月 1 日起实施。2019 年 3 月,为贯彻落实《中华人民共和国环境影响评价法》和《规划环境影响评价条例》,规范并指导规划环境影响跟踪评价工作,生态环境部办公厅发布了《规划环境影响跟踪评价技术指南(试行)》(环办环评〔2019〕20 号)。

4.2.4 完善生态环保技术标准规范体系

(1)发布污染防治可行技术指南

为防治污染、改善环境质量、推动企事业单位污染防治措施升级改造和技术进步,2019 年 1 月,生态环境部印发了制糖工业、陶瓷工业、玻璃制造业和炼焦化学工业 4 项污染防治可行技术指南。

(2)制定技术导则

2019 年生态环境部制定了环境影响评价、规划环评、地块土壤和地下水中挥发性有机物采样、污染地块风险管控与土壤修复效果评估、污染地块地下水修复和风险管控、建设用地土壤污染状况调查、建设用地土壤污染风险评估等技术导则。

(3)发布绿色技术标准规范

2019 年 12 月,生态环境部发布了吸油烟机、化妆品和吸收性卫生

用品三项环境标志产品技术要求,针对产品在生产和使用过程中对环境和人体健康的影响,从产品设计、生产、使用、包装等方面提出环境保护要求。2019 年 10 月 24 日,工业和信息化部印发的《印染行业绿色发展技术指南(2019 年版)》(工信部消费〔2019〕229 号),为地方政府推动印染行业转型升级提供指导,给印染企业技术改造指引方向,切实提高印染行业绿色发展水平。为了规范动力蓄电池回收利用,适应行业发展新形势,工业和信息化部对 2016 年发布的《新能源汽车废旧动力蓄电池综合利用行业规范条件(2016 年本)》和《新能源汽车废旧动力蓄电池综合利用行业规范公告管理暂行办法(2016 年本)》(工业和信息化部公告 2016 年第 6 号)进行修订,进一步加强新能源汽车废旧动力电池综合利用行业规范管理,提升行业发展水平。

4.2.5 发布行业清洁生产评价指标体系

为贯彻落实《中华人民共和国清洁生产促进法》,建立健全系统规范的清洁生产技术指标体系,指导和推动企业实施清洁生产,2019 年 8 月 28 日,国家发展改革委、生态环境部、工业和信息化部联合发布《关于发布煤炭采选业等 5 个行业清洁生产评价指标体系的公告》(国家发展改革委公告 2019 年第 8 号),公布了《煤炭采选业清洁生产评价指标体系》《硫酸锌行业清洁生产评价指标体系》《锌冶炼业清洁生产评价指标体系》《污水处理及其再生利用行业清洁生产评价指标体系》《肥料制造业(磷肥)清洁生产评价指标体系》等 5 个行业清洁生产评价指标体系。

4.3 引导示范政策

4.3.1 发布技术、产品、服务目录及清单

2019 年 1 月，生态环境部发布《有毒有害大气污染物名录（2018
年）》（生态环境部公告 2019 年第 4 号）；2019 年 7 月生态环境部、国
家卫生健康委员会发布《有毒有害水污染物名录（第一批）》（生态环境
部公告 2019 年第 28 号）；2019 年 3 月财政部、生态环境部发布《关于
印发环境标志产品政府采购品目清单的通知》（财库〔2019〕18 号）；2019
年 9 月，工业和信息化部发布第四批绿色制造名单；《市场准入负面清
单（2019 年版）》（发改体改〔2019〕1685 号）、《国家鼓励的工业节水
工艺、技术和装备目录（2019 年）》（工业和信息化部 水利部公告 2019
第 51 号）、《"能效之星"产品目录（2019）》（工业和信息化部公告 2019
年第 53 号）、《国家工业节能技术装备推荐目录（2019）》（工业和信息
化部公告 2019 年第 55 号）、《固定污染源排污许可分类管理名录（2019
年版）》（生态环境部令 第 11 号）等目录和清单均于 2019 年公布，上
述文件从市场准入、风险管控、绿色生产、污染防治的工艺技术和装备
等方面提高污染防治水平与资源化利用技术装备水平。

中国环境规划政策绿皮书
中国环保产业政策报告2019

专栏 4-1　打造绿色制造先进典型

为贯彻落实《工业绿色发展规划（2016—2020 年）》和《绿色制造工程实施指南（2016—2020 年）》，促进制造业高质量发展，持续打造绿色制造先进典型，引领相关领域工业绿色转型，加快推动绿色制造体系建设，按照《工业和信息化部办公厅关于开展绿色制造体系建设的通知》（工信厅节函〔2016〕586 号）和《工业和信息化部办公厅关于推荐第四批绿色制造名单的通知》（工信厅节函〔2019〕45 号）要求，工业和信息化部组织开展了第四批绿色制造名单推荐工作，确定了第四批绿色制造名单，其中，绿色工厂 602 家、绿色设计产品 371 种、绿色园区 39 家、绿色供应链管理示范企业 50 家。

4.3.2　公布生态环保领域引领示范企业名单

2019 年 2 月，工业和信息化部公布符合《废塑料综合利用行业规范条件》的企业名单（第二批），符合《废矿物油综合利用行业规范条件》的企业名单（第二批），符合《轮胎翻新行业准入条件》《废轮胎综合利用行业准入条件》的企业名单（第六批）；工业和信息化部、住房城乡建设部于 2019 年 2 月公布符合《建筑垃圾资源化利用行业规范条件》的企业名单（第二批）；第二批全国环保设施和城市污水垃圾处理设施向公众开放的单位名单，符合《环保装备制造行业（污水治理）规范条件》和《环保装备制造行业（环境监测仪器）规范条件》的企业名单（第一批），2019 年重点用能行业能效"领跑者"企业名单，第三批全国环保设施和城市污水垃圾处理设施向公众开放的单位名单，国家生态工业示范园区名单等也于 2019 年公布。

专栏 4-2　4 家园区成功获批为国家生态工业示范园区

根据《国家生态工业示范园区管理办法》（环发〔2015〕167 号）的有关规定，国家生态工业示范园区建设协调领导小组办公室组织专家对上海市工业综合开发区、上海青浦工业园区、国家东中西区域合作示范区（连云港徐圩新区）和成都经济技术开发区等 4 家园区创建国家生态工业示范园区情况进行了验收。经审查，上述 4 家园区完成了规划目标和任务，基本条件和主要指标均达到了《行业类生态工业园区标准（试行）》（HJ 273—2006）、《综合类生态工业园区标准》（HJ 274—2009）及其修改方案（环境保护部公告 2012 年第 48 号）要求。根据专家验收意见和公示情况，经生态环境部、商务部、科技部研究，决定批准上海市工业综合开发区、上海青浦工业园区、国家东中西区域合作示范区（连云港徐圩新区）和成都经济技术开发区为国家生态工业示范园区。

4.3.3　开展生态环保与循环经济等试点示范

2019 年 6 月，生态环境部办公厅、科技部办公厅、商务部办公厅公布 2018 年度国家生态工业示范园区复查评估结果，常州国家高新技术产业开发区等 11 家园区全部通过复查评估。

2019 年 1 月，国家发展改革委办公厅、工业和信息化部办公厅联合印发了《关于推进大宗固体废弃物综合利用产业集聚发展的通知》（发改办环资〔2019〕44 号），确定了一批大宗固体废物综合利用基地和工业资源综合利用基地的名单。

2019 年 11 月，生态环境部发布《关于命名第三批国家生态文明建

设示范市县的公告》（生态环境部公告 2019 年第 48 号）及《关于命名第三批"绿水青山就是金山银山"实践创新基地的公告》（生态环境部公告 2019 年第 49 号），对第三批国家生态文明建设示范市县和"绿水青山就是金山银山"实践创新基地进行授牌命名。第三批共计命名 84 个国家生态文明建设示范市县和 23 个"绿水青山就是金山银山"实践创新基地。

专栏 4-3 　第三批国家生态文明建设示范市县和 "绿水青山就是金山银山"实践创新基地

2019 年 11 月 16 日，生态环境部对第三批国家生态文明建设示范市县和"绿水青山就是金山银山"实践创新基地进行授牌命名。

第三批国家生态文明建设示范市县和"绿水青山就是金山银山"实践创新基地，是生态环境部深入践行习近平生态文明思想，落实全国生态环境保护大会精神，以及党的十九大以来党中央、国务院关于生态文明建设的新理念、新要求、新部署，对示范创建的建设指标和管理规程最新修订后，组织命名的首批示范创建地区；更是生态环境部站在新中国成立 70 年的新起点和"两个一百年"奋斗目标的重要历史交汇点上，开启的新时代生态文明示范创建新篇章。

第三批国家生态文明建设示范市县和"绿水青山就是金山银山"实践创新基地共计命名 84 个国家生态文明建设示范市县和 23 个"绿水青山就是金山银山"实践创新基地，提供了一批践行习近平生态文明思想和协同推进高质量发展与高水平保护的鲜活案例，同时也为打好污染防治攻坚战、建设美丽中国提供了重要支撑。

　　目前，生态环境部已命名 175 个国家生态文明建设示范市县和 52 个"绿水青山就是金山银山"实践创新基地。通过三批创建，生态文明示范创建点面结合、多层次推进、东中西部有序布局的建设体系进一步得到完善。一方面，东部、中部、西部建设格局体系得到进一步优化，示范建设地区东部、中部、西部占比分别为 43%、28%、29%；另一方面，多层次示范体系得到进一步丰富。三批示范市县中有 17 个地市、158 个县区，"绿水青山就是金山银山"基地中有 9 个地市、35 个县区、2 个乡镇、2 个村以及 4 个林场等其他主体。从类型来看，已命名地区涵盖了山区、平原地区、林区、牧区、沿海地区、海岛、少数民族地区等不同资源禀赋、区位条件、发展定位的地区，为全国生态文明建设提供了更加形式多样、更为鲜活生动、更有针对价值的参考和借鉴。

5

环保产业创新鼓励型相关政策

5.1 技术创新政策

5.1.1 推进创新示范区和创新型国家建设

建设国家可持续发展议程创新示范区是党中央、国务院统筹国内国际两个大局作出的重要决策部署。为落实联合国 2030 年可持续发展议程，国务院于 2016 年 12 月印发《中国落实 2030 年可持续发展议程创新示范区建设方案》（国发〔2016〕69 号），就示范区建设作出明确部署。2018 年 3 月，国务院正式批复，同意广东省深圳市、山西省太原市、广西壮族自治区桂林市建设首批国家可持续发展议程创新示范区。

2019 年 5 月，国务院正式批复同意湖南省郴州市、云南省临沧市、河北省承德市建设国家可持续发展议程创新示范区。其中，郴州市重点针对水资源利用效率低、重金属污染等问题，集成应用水污染源阻断、重金属污染修复与治理等技术，实施水源地生态环境保护、重金属污染及源头综合治理、城镇污水处理提质增效、生态产业发展、节水型社会和节水型城市建设、科技创新支撑等行动，统筹各类创新资源，深化体制机制改革，探索适用技术路线和系统解决方案，形成可操作、可复制、可推广的有效模式，为推动长江经济带生态优先、绿色发展发挥示范效应。

临沧市重点针对特色资源转化能力弱等瓶颈问题，集成应用绿色能源、绿色高效农业生产、林特资源高效利用、现代信息等技术，实施对接国家战略的基础设施建设提速、发展与保护并重的绿色产业推进、边境经济开放合作、脱贫攻坚与乡村振兴产业提升、民族文化传承与开发等行动，统筹各类创新资源，深化体制机制改革，探索适用技术路线和系统解决方案，形成可操作、可复制、可推广的有效模式，为边疆多民族欠发达地区实现创新驱动发展发挥示范效应。

承德市重点针对水源涵养功能不稳固、精准稳定脱贫难度大等问题，集成应用抗旱节水造林、荒漠化防治、退化草地治理、绿色农产品标准化生产加工、"互联网+智慧旅游"等技术，实施水源涵养能力提升、绿色产业培育、精准扶贫脱贫、创新能力提升等行动，统筹各类创新资源，深化体制机制改革，探索适用技术路线和系统解决方案，形成可操作、可复制、可推广的有效模式，为全国同类的城市群生态功能区实现可持续发展发挥示范效应（表5-1）。

表5-1 已批复国家可持续发展议程创新示范区名单

批复时间	名称	主题
2018年2月	太原市国家可持续发展议程创新示范区	资源型城市转型升级
2018年2月	桂林市国家可持续发展议程创新示范区	景观资源可持续利用
2018年2月	深圳市国家可持续发展议程创新示范区	创新引领超大型城市可持续发展

批复时间	名称	主题
2019 年 5 月	郴州市国家可持续发展议程创新示范区	水资源可持续利用与绿色发展
2019 年 5 月	临沧市国家可持续发展议程创新示范区	边疆多民族欠发达地区创新驱动发展
2019 年 5 月	承德市国家可持续发展议程创新示范区	城市群水源涵养功能区可持续发展

党的十九大提出加快建设创新型国家的要求。创新型国家是指以科技创新作为社会发展的核心驱动力、以技术和知识作为国民财富创造的主要源泉、具有强大创新竞争优势的国家。2019 年 1 月，科学技术部党组印发的《中共科学技术部党组关于以习近平新时代中国特色社会主义思想为指导 凝心聚力 决胜进入创新型国家行列的意见》（国科党组发〔2019〕1 号），提出要加强宏观统筹，系统谋划世界科技强国建设；狠抓改革任务落实落地，营造良好科研创新生态；深入落实全面从严治党要求，为创新驱动发展提供坚强政治保障。其中，在绿色技术创新方面，意见重点指出要积极建设绿色技术银行，加快推进市场导向的绿色技术创新体系建设，推动固体废物资源化，大气、水和土壤污染防治，农业面源和重金属污染防控，脆弱生态修复，化学品风险防控等领域科技创新。

5.1.2 激发创新主体创造活力

在现代市场经济条件下，科研院所、高校、企业是科技创新的主体，激发创新主体创造活力、扩大创新主体规模、提升政策服务水平是更好开展科技创新活动的重要保障。

2019 年 1 月，为进一步引导企业参与污染防治与科技创新，生态环境部、中华全国工商业联合会发布了《生态环境部 全国工商联关于支持服务民营企业绿色发展的意见》（环综合〔2019〕6号），旨在协同推进经济高质量发展和生态环境高水平保护，综合运用法治、市场、科技、行政等多种手段，严格监管与优化服务并重，引导激励与约束惩戒并举，鼓励民营企业积极参与污染防治攻坚战，帮助民营企业解决环境治理困难，提高绿色发展能力，营造公平竞争市场环境，提升服务保障水平，完善经济政策措施，形成支持服务民营企业绿色发展的长效机制。

2019年4月，国家发展改革委、科技部印发《关于构建市场导向的绿色技术创新体系的指导意见》（发改环资〔2019〕689号），围绕生态文明建设，以解决资源环境生态突出问题为目标，以激发绿色技术市场需求为突破口，以壮大创新主体、增强创新活力为核心，以优化创新环境为着力点，强化产品全生命周期绿色管理，加快构建以企业为主体、产学研深度融合、基础设施和服务体系完备、资源配置高效、成果转化顺畅的绿色技术创新体系，形成研究开发、应用推广、产业发展贯通融合的绿色技术创新新局面。

2019年7月，科技部等6部门印发《关于扩大高校和科研院所科研相关自主权的若干意见》（国科发政〔2019〕260号），立足于高校和科研院所两类重要创新主体，以充分调动积极性、提高创新绩效为目标，强化科技体制改革各方面政策的综合集成，提升政策措施的系统性、整体性、协调性，发挥高校和科研院所在政策集成落实上的重要作用，为破解政策落实难等问题进行探索尝试，进一步改革完善有关制度体系，扩大高校和科研院所与科研相关的自主权。

2019年8月，科技部印发《关于新时期支持科技型中小企业加快创新发展的若干政策措施》（国科发区〔2019〕268号），以壮大科技型中小企业主体规模、提升科技型中小企业创新能力为主要着力点，从创新主体培育、政策完善落实、财政资金支持等七个方面，进一步强化相关普惠性政策的完善与落实。

2019年9月，科技部印发《关于促进新型研发机构发展的指导意见》（国科发政〔2019〕313号），该意见指出为促进新型研发机构发展，要突出体制机制创新，强化政策引导保障，注重激励约束并举，调动社会各方参与的积极性。通过发展新型研发机构，进一步优化科研力量布局，强化产业技术供给，促进科技成果转移转化，推动科技创新和经济社会发展深度融合。

2019年9月，财政部、科技部印发《中央引导地方科技发展资金管理办法》（财教〔2019〕129号），办法提出支持自由探索类基础研究、科技创新基地建设和区域创新体系建设的资金投入，鼓励地方综合采用直接补助、后补助、以奖代补等多种投入方式；支持科技成果转移转化的资金投入，鼓励地方综合采用风险补偿、后补助、创投引导等财政投入方式。

5.1.3 强化促进科技成果转化

长期以来，科技成果转化中涉及的国有资产审批链条长、管理文件多等问题，困扰着不少科研从业人员。2019年9月，科技成果转化领域迎来重大政策突破，财政部发布的《关于进一步加大授权力度　促进科技成果转化的通知》，在原已下放科技成果使用权、处置权、收益权的基础上，进一步加大科技成果转化形成的国有股权管理授权力度，畅通与科技成果转化有关的国有资产全链条管理，支持和服务科技创新：一是加大授权力度，授权中央级研究开发机构、高等院校的主管部门办理相关事宜，缩短管理链条，提高科技成果转化工作效率。二是整合了现行科技成果转化涉及的国有资产使用、处置、评估、收益等管理规定。

为深入推进生态环境科技体制改革、激发科技创新活力、切实发挥科技创新在打好污染防治攻坚战和生态文明建设中的支撑与引领作用、加快推进生态环境治理体系与治理能力现代化，2019年12月，生态环境部印发《关于深化生态环境科技体制改革激发科技创新活力的实施意见》（环科财〔2019〕109号），实施意见提出要重点完善科技创新能力体系建设，构建支撑生态环境治理体系与治理能力现代化的科技创新格局，打造高水平科技创新平台，推进产学研用协同创新模式，优化科研立项，加大投入力度，深化科研管理"放管服"改革，加大专业领域人才培养力度，建立灵活的高层次人才引进交流机制，落实科技成果转化政策，推进实施科研人员股权激励机制。

为落实《关于促进生态环境科技成果转化的指导意见》（环科财函〔2018〕175号）、增强技术服务能力，围绕生态环境科技成果转化的全链条，生态环境部组织建设国家生态环境科技成果转化综合服务平台。2019年7月，生态环境部办公厅发布《关于国家生态环境科技成果转化综合服务平台上线启用的通知》，正式上线启用一期平台。平台作为生态环境科技成果转化体系的关键载体，是支撑各级政府部门生态环境管理、企业生态环境治理和环保产业发展的技术服务平台，线上具备在线查询、需求上传与技术推荐等服务功能，线下具备定制化服务、规范技术评估、流动对接等服务内容。

5.1.4 规范引导创新主体良性发展

优良的作风和学风是做好科技工作的"生命线"，是建设创新型国家和世界科技强国的根基，决定着科技事业的成败。2019年6月，中共中央办公厅、国务院办公厅联合印发的《关于进一步弘扬科学家

精神加强作风和学风建设的意见》，对加强科研作风、学风建设作出全面部署，主要从强化服务、引导、减负和督促等方面提出大力弘扬新时代科学家精神，营造风清气正的科研环境，构建良好科研生态，营造尊重人才、尊崇创新的舆论氛围等主要任务措施。2019 年 9 月，科技部等 20 个部门联合印发的《科研诚信案件调查处理规则（试行）》（国科发监〔2019〕323 号），对科研不端行为和违规行为的认定、调查程序、处理标准、流程进行了规定，为科学技术活动违规行为、科研诚信案件提供了更细化、更具可操作性的调查处理指南。

2019 年 12 月，科学技术部火炬高技术产业开发中心印发了《科技企业孵化器评价指标体系》（国科火字〔2019〕239 号），文件制定了科技企业孵化器评价指标体系，有助于推动科技企业孵化器高质量发展，完善孵化服务体系，提高孵化服务水平，充分发挥孵化器在加速科研成果转化、加快培育新动能、促进地方经济转型升级、推动科技和经济融通发展中的重要作用，支撑国家级科技企业孵化器政策的制定和调整，引导地方优化调整相关支持政策。

专栏 5-1　吉林省出台《关于加快推进环保产业振兴发展的若干意见》

为加快推进环保产业振兴发展，吉林省出台了《关于加快推进环保产业振兴发展的若干意见》（以下简称《意见》），围绕推进环保产业多元化发展、提升环保产业科技创新能力、建立环保产业人才发展制度、加大环保产业政策支持力度四个方面，提出 14 条具体举措。

《意见》坚持问题导向，在充分分析产业发展形势的基础上，紧盯产业化发展平台不优、政策优惠力度不大、企业集聚性优势不够、产业链条不完整、人才和技术力量不足、污染企业购买环境服务积极性不高等制约环保产业发展的突出短板和瓶颈问题，逐一加以回应和解决。同时，《意见》注重现有政策集成和强化改革创新相融合，将国家和吉林省现行的关于推动环保产业以及扶持民营经济发展方面的资金、税收、科技创新等政策措施进行了梳理和整合，并结合吉林省实际，提出财政资金奖补、人才引进及培训、住房保障、价格优惠、优化服务等创新性支持措施。

5.2 模式创新政策

5.2.1 加快推进环境污染第三方治理模式

环境污染第三方治理已经是污染治理的一种新模式，即由"谁污染，谁治理"转变为"谁污染，谁付费"。根据国家发展改革委办公厅、生态环境部办公厅《关于深入推进园区环境污染第三方治理的通知》（发改办环资〔2019〕785号）的要求，经省级发展改革委、生态环境主管部门申报以及第三方机构组织专家评审等程序，对江门市新会区崖门定点电镀工业基地等27家符合规定的园区建设项目给予中央预算内投资支持。鼓励园区通过开展第三方治理，引导社会资本积极参与，建立按效付费、第三方治理、政府监管、社会监督的新机制；创新治理模式，规范处理处置方式，增强处理能力，实现园区环境质量持续改善；创新政策引导，探索园区污染治理的长效监管机制，促进第三方治理的"市场化、专业化、产业化"，整体提升园区污染治理水平和污染物排放管控水平，形成可复制、可推广的做法和成功经验。

治理领域上，从"单一污染物控制"向"多领域、多要素的生态环境协同治理"转变，鼓励培育水、大气、固体废物、土壤多污染物综合治理服务商，推动形成多领域、多要素的生态环境协同治理共生网络，实现更加显著的环境综合治理效益和效率。2019 年 5 月，生态环境部印发《关于推荐环境综合治理托管服务模式试点项目的通知》（环办科财函〔2019〕473 号），开展环境综合治理托管服务模式试点工作。发布《关于同意开展环境综合治理托管服务模式试点的通知》（环办科财函〔2019〕881 号），同意上海化学工业区环境综合治理托管服务模式试点项目等 4 个项目开展环境综合治理托管服务模式试点工作。试点期内重点创新治理模式，探索多环境介质污染协同增效治理机制。不断创新政策引导，探索生态环境治理工程项目统筹实施与长效监管机制。着力打通实施路径，探索多元投资、环境绩效考核、按效付费共同作用的新机制（表 5-2）。

表 5-2　环境综合治理托管服务模式试点内容

试点单位	试点内容
上海化学工业区管理委员会、上海化学工业区发展有限公司	针对目前上海化工区供水和危险废物处置应急保障能力仍有缺口、环境安全风险诊断和预警体系有待完善、环境管理和决策智慧化水平尚需提高等问题，开展项目咨询、协同处置、合规管理和智慧管理等四项托管服务等试点工作。依托危险废物一体化处置项目、给排水一体化处理项目和环境监测一体化项目 3 大项目 15 个子项目，进一步优化完善现有水、大气、土壤、固体废物、危险废物全要素环境协同治理体系，提升化工园区危险废物处置能力、VOCs 处置水平、安全环保应急处理和智慧化水平，规范第三方服务机构行为，提高企业诚信和服务质量，完善上海化工区环境综合治理托管服务体系

试点单位	试点内容
苏州工业园区管理委员会、中新苏州工业园区市政公用发展集团有限公司	针对目前苏州工业园区环境监管能力与企业治理能力有待提升、园区污水处理与危险废物等环保基础设施不足等问题，开展城镇供水、排水和污水处理，再生水回用环境公用基础设施一体化服务，餐厨和园林绿化垃圾，垃圾分类回收等固体废物处理处置与资源化一体化服务，危险废物收集和处置，固体废物处置及资源化利用协同服务，污泥干化处置及热电联产资源化利用一体化服务等试点工作。依托第二污水处理厂扩建和水质提升项目、污水综合处理厂运营项目、污泥干化处置及资源化利用运营项目、餐厨及园林绿化垃圾处置建设运营项目、东吴热电联产基础设施运营项目、危险废物收集平台项目、固体废物综合处置建设运营项目、蓝天热电天然气热电联产基础设施项目、生活垃圾分类回收项目等试点项目，巩固优化园区多元投资、环境绩效考核、按效付费等现有作用机制，创新环境综合治理托管服务政策，探索项目统筹实施与长效监管机制，开拓危险废物、废气等多污染物治理领域等，提升污染治理水平与资源综合利用效率
国家东中西区域合作示范区（连云港徐圩新区)管委会、江苏方洋水务有限公司	针对徐圩新区资源能源短缺、污染物排放容量超载、危险废物处置能力有待提升等问题，开展污水处理、固体废物处理、废气处理、环境监测服务及智慧园区服务等试点工作。依托东港污水处理厂一期工程、连云港石化基地工业废水第三方治理一期工程、连云港石化基地工业废水第三方治理二期工程、徐圩新区再生水厂工程、徐圩新区高盐废水处理工程、东港污水处理厂达标尾水净化工程、徐圩新区达标尾水排海工程、徐圩新区固体废物（危险废物）处理处置中心项目、固体废物资源化利用中心项目、火炬区尾气及工业废气综合利用项目、徐圩新区环境监测中心站（水质检测中心）项目、空气环境质量自动监测站项目和智慧园区项目等13个项目的实施，实现多污染协同控制的降本增效，提高治污投资效率，实现园区高效智能联动管理

试点单位	试点内容
十堰市郧阳区政府、深圳市深港产学研环保工程技术股份有限公司	针对郧阳区神定河、泗河水质尚未稳定达标，城镇污水处理设施及配套管网建设还不完善，农村污水、垃圾等环境污染问题突出，本试点拟依托郧阳区 19 座乡镇污水处理厂、农村环境综合整治设施和系统（区内污水处理设施及垃圾环卫保洁系统）、9 座垃圾填埋场、郧阳区环境综合治理技术监控平台等的建设与运维，构建农村生态环境协同治理共生网络，推动农村多环境介质污染协同治理，探索生态环境治理工程项目统筹实施与长效监管机制，实现区域环境治理可持续性

5.2.2 持续探索生态环境领域污染防治模式

2019 年 4 月，住房和城乡建设部、生态环境部和国家发展改革委联合发布的《城镇污水处理提质增效三年行动方案（2019—2021年）》（建城〔2019〕52 号），提出推进生活污水收集处理设施改造和建设，健全排水管理长效机制，完善激励支持政策，完善组织领导机制，充分发挥河长、湖长作用，切实强化责任落实，力促加快补齐城镇污水收集和处理设施短板，尽快实现污水管网全覆盖、全收集、全处理。

2019 年 7 月，中央农办、农业农村部、生态环境部等 9 部门联合印发的《关于推进农村生活污水治理的指导意见》（中农发〔2019〕14 号），指出开展典型示范，培育一批农村生活污水治理示范县、示范村，总结推广一批适合不同村庄规模、不同经济条件、不同地理位置的典型模式。多方筹措资金，规范运用政府和社会资本合作模式，吸引社会资金参与农村生活污水治理项目；发挥政府投资撬动作用，采取以奖代补、先建后补、以工代赈等多种方式，吸引各方人士通过投资、捐助、认建等形式，支持农村生活污水治理项目建设和运行维护。

2019年11月,生态环境部发布《农村黑臭水体治理工作指南(试行)》(环办土壤函〔2019〕826号),全面推动农村地区启动黑臭水体治理工作,结合农村地区自然地理、社会经济、人文风俗等,探索符合区域实际条件、体现区域特征的农村黑臭水体治理模式、方法和工艺技术路线,以及能复制、易推广的建设和运行管护模式。将农村黑臭水体治理和农业生产、农村生态建设相结合,避免由于盲目照搬城市黑臭水体治理或其他地区治理技术模式而导致的"水土不服",促进形成一批可复制、可推广的农村黑臭水体治理模式。

为了营造环境服务业发展的有利条件,促进环境服务业模式创新,解决环境服务业发展的"瓶颈"问题,原环境保护部在改善环境质量、污染治理、环境监测、咨询与评估、环境金融等领域开展环境服务业试点工作。截至2019年年底,共批准6批49个单位开展环境服务业试点工作,其中第五批23个试点工作于2019年年底全面结束,试点项目在16个省(区、市)落地实施,发挥了推进环境服务业发展的示范带动作用。第五批23个试点内容包括:①环境PPP政策与模式;②工业污染领域第三方治理模式;③环境绩效合同服务模式;④环境金融服务模式;⑤环保"互联网+"模式。试点实施主体包括地方生态环境管理部门、园区管理部门、环保企业等,在促进环境服务业发展的机制体制、政策制度、规范标准、模式方式等方面积极探索(表5-3)。

表 5-3　第五批环境服务业试点产出情况

序号	项目名称	项目执行单位	试点产出
1	北运河香河段生态综合整治PPP 试点项目	中信国安（香河）环境工程有限公司	（1）开拓环境治理领域 PPP 市场，探索了非经营性环境治理 PPP 项目的操作模式；（2）制定公益类环境治理 PPP 项目的绩效评估体系，探索形成绩效考核体系与政府付费联动机制；（3）建立了多尺度、多要素的环境综合整治项目实施监管体制；（4）探索大型公益类环境治理项目多渠道创新融资模式，包括银行贷款、PPP 项目联合基金等；（5）探索通过环境物联网技术推动环境治理 PPP 项目的绩效评估、环境管理和治理联动的环境治理模式创新
2	农村环保基础设施第三方托管 PPP 试点项目	常州市新北区环保局	（1）建成投运 169 个污水处理设施（其中小型设施 70台），11 个行政村实现接管，新建污水管网248.306 km，完成了 83 个行政村的区级自验；（2）通过新建带动老旧设备升级改装，使新区全部设施正常运行且达标排放，有效控制农村面源污染，改善生态环境及村容村貌，削减进入新北区的污染负荷；（3）制定了农村环保基础设施第三方托管社会化的准入制度与监督管理制度；（4）探索建立了基于考核结果的社会化服务收费标准及运营管理机制
3	贵州草海生态保护和综合治理 PPP 试点项目	贵州草海国家级自然保护区管理委员会	（1）环草海分散式污水处理系统工程采用 MBR+人工湿地处理工艺处理生活污水，出水水质达到《城镇污水处理厂污染物排放标准》一级 A 标准，解决了草海周边村寨生活污水未经处理直接排草海的问题；（2）完成大中河、东山河、万下河入湖河口湿地建设，恢复了生态功能，恢复湿地约 960 亩
4	农村生活垃圾处理 PPP 模式试点项目	广西鸿生源环保股份有限公司	（1）成功打造了多个农村生活垃圾处理示范项目；（2）创新了基于资源综合利用的投资回报机制

序号	项目名称	项目执行单位	试点产出
5	宁波新福钛白粉有限公司废酸及酸性废水第三方综合治理试点项目	宁波新福钛白粉有限公司	(1)已经完成酸性废水预处理成套设备的安装、调试、试运行,日处理量为 3 500 m³,达到工艺设计要求,产水 SDI≤2.8,满足膜装置运行条件,浓浆(二氧化钛)满足返回生产线回用品质。完成膜装置成套设备的安装、调试、试运行;(2)满足日处理量 3 500 m³、回用中水 1 920 m³、回用 9%~12%浓度稀酸 1 180 m³ 的工艺设计要求,回用中水 pH≥1.7,Fe^{2+} 质量浓度≤0.1 mg/L,满足钛白粉二洗生产线工艺用水条件,稀酸浓度具备 MVR 浓缩条件;(3)完成 MVR 浓缩装置试运行
6	广西壮族自治区来宾市环境服务业试点项目	广西壮族自治区来宾市人民政府	(1)建设河南工业园及高新区供热管网,实现园区集中供热全覆盖;(2)推进区域电网建设,以电带热提高清洁能源供应能力;(3)形成促进环境服务业发展的政策体系和市场环境;(4)建成三大环境服务平台;(5)形成促进环境服务业发展的政策体系和市场环境
7	纺织业污染治理社会化服务(第三方)委托运营试点项目	杭州友创环境工程技术有限公司	(1)创新区域环保应急社会化支撑(第三方)新模式;(2)建立镇级环境事务社会化服务(第三方)试点新模式;(3)建立环境水务运营(第三方)环境污染责任险试点新模式;(4)建立 E 环保——第三方运营机构评价及担保平台;(5)建立环境水务社会化(第三方)运营技术创新合作团队
8	新疆石河子开发区化工新材料产业园污水处理第三方服务试点项目	新疆德蓝股份有限公司	(1)通过对上游排污企业厂区内用水点及用水水质的调研,对企业进行技术指导,完善了企业全厂的水平衡,做到高水高用、低水低用;(2)培养各类专业人才,提高环保企业的服务能力;(3)建立完善第三方服务管理制度和付费机制

79

序号	项目名称	项目执行单位	试点产出
9	江苏淮安工业园区环境服务业试点项目	江苏淮安工业园区管理委员会	（1）出台有利于提高环境监管能力的社会资本融入市场开放的系列文件，形成环保服务社会化的管理体系；（2）制定企业污染源治理的环保服务第三方准入制度与监督管理模式，探索建立基于服务企业的第三方环保服务的收费方式、标准及运营管理
10	湖南景翌环保工业污染领域第三方治理模式试点项目	湖南景翌湘台环保高新技术开发有限公司	（1）构建园企合作平台，共建环境服务机制；（2）运用市场机制推进污染治理，推出整体打包服务；（3）针对各类污染问题，通过项目运作制推进第三方治理
11	河北中煤旭阳焦化有限公司污水处理设施第三方运营试点项目	河北协同环保科技股份有限公司	（1）实现了中煤旭阳年产 500 万 t 焦炭生产的废水达标排放，排放达标率为 100%，并借助"中煤项目"的成功经验，在全国焦化领域推广焦化污水第三方治理的成功模式；（2）通过"中煤项目"的实施，建立了一套在焦化行业第三方运营业务的推广运营机制；（3）与软件开发公司合作开发焦化废水数字化管理平台，对运营数据进行有效统计分析，自动监测各类指标，并将监测数据及时上传至云服务器；（4）形成一套完整的、集成化的、系统性的焦化污水技术体系，制定了进水水质调控制度、过程参数管控制度、达标保障制度等多项配套制度
12	重庆建桥工业园区 A 区废水处理第三方治理试点项目	重庆建桥工业园区管委会/重庆清禧环保科技有限公司	（1）完成环境污染第三方治理计价模式研究结题报告，并结合工业企业和工业园区的实际治污情况，提出了工业废水第三方委托运营推荐合同范本；（2）建桥工业园区已发布重庆建桥实业发展有限公司污水处理设施运营管理办法和建桥工业园区污水处理厂考核管理办法，加强了对第三方委托运营企业的监督管理；形成了一套关于工业园区、工业企业废水处理第三方治理效果的评价标准；（3）自主研发了清禧环保运管系统 V1.0 版本，初步形成了清禧环保运管系统 V2.0 版本的研究开发方案

序号	项目名称	项目执行单位	试点产出
13	燃煤烟气污染物治理第三方运营服务试点项目	北京国能中电节能环保技术股份有限公司	（1）在已有的企业规范基础上出台燃煤烟气污染物治理第三方运营服务评价标准以及相关的配套文件；（2）构建了环保设施运营能力成熟度模型，提出了环保设施运营能力框架，规定了环保设施运营能力成熟度评价方法和环保设施运营能力管理要求
14	环评公共参与网络互动平台试点项目	烟台智达信息科技有限公司	（1）建成环评公众参与网络互动平台2.0版（第一环评网），推出网页版、PC版和移动版平台，实现环评公示采集与发布、公众问卷调查、环评资讯分享、业务技术互动交流等功能；（2）建立百度、360等搜索引擎首页推广渠道；（3）开创项目信息源需求转化的盈利模式，促进100多个项目落地，产生了较好的经济效益
15	互联网+恩施州污染源废水监测及监管信息服务试点项目	武汉巨正环保科技有限公司	（1）参与起草发布了污染源自动监控行业标准；（2）取得5项发明专利、1项实用新型专利和1项软件著作权；（3）开发了一套环境监管系统和污染源即时服务平台系统，为试点地环保部门提供在线监管服务；（4）开发了一套污染源在线监控系统，为试点区域企业提供污染源在线监控系统服务；（5）培养了大量技术和管理人才，提高了企业的研发实力和管理水平；（6）开创并发展了污染源监控第三方服务的新模式——设备融资租赁与购买数据服务，大大拓展了市场
16	"互联网+回收"环境服务业试点项目	上海金桥再生资源市场经营管理公司	（1）开发出物联网智能回收载体：物联网智能回收箱、阿拉环保卡和阿拉环保智能分类回收箱；（2）建成基于互联网+的开放回收信息服务平台——"金桥再生资源公共服务平台"，建立再生资源回收企业法人联盟库：覆盖浦东新区，涵盖一般再生资源、电子废弃物和有毒有害垃圾，实现信息功能、交易功能、金融（结算）功能与监管等服务功能；（3）建成智能回收箱的智慧社区服务平台：以公益服务、便民环保、智慧社区服务为中心，提高智能回收箱的使用频率以及应用价值；（4）搭建阿拉环保电子废弃物智能化回收网络：在上海市范围内的机关、企业、学校及社区等场所布设了近3000个无人值守的电子废弃物回收箱网点，拓展了多条回收渠道

序号	项目名称	项目执行单位	试点产出
17	基于"互联网+"的黄山风景区生态环境监测网络构建试点项目	黄山风景区管委会/复凌科技上海有限公司	(1) 编制完成《黄山风景区生态环境监测网络体系规划》;(2) 建成以9个监测站点为基准节点的生态环境监测网络;(3) 建成黄山风景区生态环境大数据平台;(4) 发布移动端 APP"生态学家""生态黄山""植物鉴赏";(5) 编制完成《生态环境地面自动监测物联网技术体系标准》《风景区生态环境监测网络建设指南》;(6) 完成《2017年黄山风景区生态环境地面监测报告》《2018年黄山风景区生态环境地面监测报告》
18	互联网+环保服务(排污监管辅助服务+排污企业环保顾问服务)试点	广东柯内特监控科技有限公司	(1) 实现新增584家排污企业使用该服务,远超预期的200家;(2) 获得知识产权20项、作品登记证书2项,相关荣誉3项
19	金循环再生资源电子商务交易结算平台试点项目	四川金循环电子商务有限公司	(1) 建成再生资源电子交易结算平台,已实名注册会员约36 000户,截至2018年年底累计实现电子交易结算额1 389亿元;(2) 建成供应链金属服务平台,通过出质方、出资方、担保方多方共同监管,解决节能环保产业中小企业融资难的问题;(3)建成再生金属标准化加工平台,截至2018年年底实现再生金属标准化加工基地废旧铜加工量10万t,营收1 200万元;(4) 建成智慧物流一体化服务平台,截至2018年年底实现货物仓储吞吐量8万t,运输量10万t,营收约1 500万元

6

环保产业政策展望

2020年是全面建成小康社会和"十三五"规划的收官之年，是打赢污染防治攻坚战的决胜之年，是保障"十四五"顺利起航的奠基之年。根据2020年中央经济工作会议精神，2020年生态环境保护工作将全力以赴打好打赢污染防治攻坚战，以打赢蓝天保卫战为重中之重，着力打好碧水保卫战和净土保卫战，推动生态环境质量持续好转；以生态环境保护倒逼经济高质量发展，加强帮扶指导，继续推进"放管服"改革，支持服务企业绿色发展，加大对绿色环保产业的支持力度。

（1）需求拉动型政策

需求拉动型政策主要体现在以下几个方面：

一是发挥生态环境保护政策的引导、优化和促进作用，支持服务重大国家战略实施；推动落实京津冀协同发展生态环境保护重点任务，支持雄安新区做好生态环境保护与治理工作，制定实施粤港澳大湾区、长三角区域、黄河流域生态环境保护规划或方案，指导成渝地区双城经济圈、海南自由贸易港建设中加强生态环境保护，推进绿色"一带一路"建设。

　　二是在环保"督察高压"常态化，环境管理机制不断完善的情况下，需求推动型政策催生潜在环保需求向市场转化。中央生态环保督察是党的十八大以来生态文明领域的重大改革措施。2019年6月，中共中央办公厅、国务院办公厅出台的《中央生态环境保护督察工作规定》，进一步从制度上、从领导机制上完善了中央生态环保督察工作。下一步生态环境部将围绕党中央、国务院关于生态文明建设和生态环境保护的一些重大决策部署的落实情况、老百姓所反映的一些突出生态环境问题，以及污染防治攻坚战各项重点任务的落实情况开展第二轮第二批中央环保督察工作，从源头上预防环境污染、生态破坏，促进产业结构调整和布局优化等政策措施的落实，倒逼经济高质量发展。《关于构建现代环境治理体系的指导意见》提出将建立健全环境治理的领导责任体系、企业责任体系、全民行动体系、监管体系、市场体系、信用体系、法律法规政策体系等，涵盖了从源头严防、过程严管、后果严惩到损害赔偿的全链条生态环境管理制度。随着中央环保督察的持续推进，环境管理制度的不断完善，环保产业的市场空间将被进一步释放，环保产业将更好更快地提升服务能力和服务水平，延伸服务触角，为污染防治攻坚战提供全方位的服务。

　　三是紧密围绕污染防治攻坚战阶段性目标任务，坚决打好污染防治攻坚战。在大气污染治理方面，将继续狠抓重点区域秋冬季大气污染综合治理攻坚，推进北方地区清洁取暖，扩大钢铁行业超低排放改造规模，深化工业炉窑、重点行业挥发性有机物污染治理，推进苏皖鲁豫交界地区联防联控工作，其他非重点区域也要对标重点区域进一步要求加大治污力度等。在水污染防治方面，继续推动农村"千吨万人"水源保护区的划定。持续开展城市黑臭水体整治。推进长江入河排污口溯源整治和"三磷"专项排查整治，启动黄河入河排污口排查整治，加强工业园区污水处理设施建设与管理，统筹推进农村生活污水和黑臭水体治理。在固体废物处理处置方面，全面落实《土壤污染防治行动计划》，完成重点行业企业用地土壤污染状况调查，配合农业农村部门完成农用地土壤环境质量类别划分和安全利用工作，开展"无废城市"建设成效评估，推进生活垃圾焚烧飞灰、废铅蓄电池、废塑料、医疗废物等污染物的综合治理。加强涉重金属行业污染防控与减排。加强化学品环境风险评估和高风险化学物质环境风险管控。

（2）激励促进型政策

激励促进型政策主要体现在以下几个方面：

一是加强生态环保专项资金管理，按照"资金跟着项目走"原则，建立中央生态环保专项资金项目储备库制度，大气、水、土壤污染防治专项资金，农村环境整治资金，海洋生态保护修复资金、林业草原生态保护恢复资金、林业改革发展资金等均纳入中央项目储备库管理范围。

二是弥补地方政府投资不足问题，扩大有效投资补短板，进一步加大地方政府专项债规模，通过加大政府基础性投资规模带动相关产业发展，以打好污染防治攻坚战七大标志性战役为重点，补齐生态环境领域突出短板，积极推进重大治理工程建设，将有效带动环保产业发展。生态环境部建立健全中央环保投资项目储备库建设，引导社会公开项目信息与投资需求的走向。2020年财政部发行1万亿元特别国债全部转移地方，建立特殊转移支付机制，资金直达基层、直接惠企利民，主要用于保就业、保基本民生、保市场主体，包括支持减税降费、减租降息、扩大消费和投资。地方政府财力紧张的状况有望得到一定程度缓解，对生态环境治理项目的投入能力将在一定程度上有所恢复。

三是绿色金融体系不断完善。国家对去杠杆政策进行了调整，要求控制好去杠杆的力度和结构，避免对经济产业产生较大影响。中共中央办公厅、国务院办公厅发布《关于加强金融服务民营企业的若干意见》，定向降准、定向宽松等金融政策也不断出台，各级金融机构需要在一定的时间内完成对政策的消化和落地，企业有望实实在在感受到融资环境的好转。工业企业方面，减税红利逐步释放，排污企业用于污染防治的可用资金将大幅增加，从而进一步加快工业治污市场的培育。推进环保产业税收优惠、绿色发展基金等扶持政策落地见效，进一步促进环保产业持续发展。

（3）规范引导型政策

规范引导型政策主要体现在以下几个方面：

一是持续推进"放管服"改革，优化营商环境。制定实施国企改革三年行动方案，提升国资、国企改革综合成效，优化民营经济发展环境；推动实体经济发展，提升制造业水平，发展新兴产业，促进大众创业、万众创新。强化民生导向，推动消费稳定增长，切实增加有效投资，释放国内市场需求潜力。从资金、政策等多方面支持和帮助民营企业渡过难关，让民营企业从高速发展向高质量发展转变，促进产业上下游协同、细化市场划分，发挥民营企业在第三方治理和环境服务上的创新作用。

二是促进了监管能力建设。完善生态环境治理体系，推动落实关于构建现代环境治理体系的指导意见，推进生态环境保护综合行政执法，持续开展中央生态环境保护督察。全面完成省以下生态环境机构监测、监察执法垂直管理制度改革，基本建立生态环境保护综合行政执法体制。推进生态保护红线监管平台建设，持续开展"绿盾"自然保护地强化监督工作。加快推进长江流域水环境监测体系建设，提升黄河流域生态环境监测能力，推动出台《关于推进生态环境监测体系与监测能力现代化的若干意见》。制定环境信息强制性披露等改革方案。提升危险废物环境监管、利用处置和环境风险防范能力。

三是 PPP 政策不断规范。2019 年中央及各部委出台的与 PPP 直接相关的政策超过 50 个，进一步强调对 PPP 的规范管理，也传达了中央部门对于规范的 PPP 项目正面激励的信号。2019 年 3 月，财政部印发的《关于推进政府和社会资本合作规范发展的实施意见》（财金〔2019〕10 号），旨在公共服务领域推广运用政府和社会资本合作（PPP）模式，引进社会力量参与公共服务供给，提升供给质量和效率，有效防控地方政府隐性债务风险，充分发挥 PPP 模式的积极作用，落实好"六稳"工作要求，补齐基础设施短板，推动经济高质量发展。2019 年 5 月出台、7 月实施的《政府投资条例》（国务院令 第 712 号），是我国在政府投资领域一个最为重要、最为全面，也最为权威的制度规范，把政府行为纳入法治化。国家发展改委革依托《政府投资条例》发布了《关于依法依规加强 PPP 项目投资和建设管理的通知》（发改投资规〔2019〕1098 号），对 PPP 项目在项目可行性论证和审查、项目决策程序、实施方案审核、项目资本金制度、在线审批监管平台、违规失信行为惩戒这 6 个方面做出明确要求，规范了 PPP 项目的投资管理程序。2019 年，《政府和社会资本合作（PPP）项目绩效管理操作指引（征求意见稿）》《政府和社会资本合作模式操作指南（修订稿）》两大征求意见稿公布。《最高人民法院关于审理行政协议案件若干问题的规定》（法释〔2019〕17 号）和《政府会计准则第 10 号——政府和社会资本合作项目合同》（财会〔2019〕23 号）进一步明确 PPP 项目协议、支出责任的性质。随着政策的落地实施，我国 PPP 项目发展将更加规范，也为生态环境 PPP 项目发展营造了良好的政策和市场环境。

四是推进技术规范标准制定。2020 年，国家将发布《低挥发性有机化合物含量涂料产品技术要求》《印刷工业污染防治可行技术指南》《建设用地土壤污染责任人认定办法（试行）》《农用地土壤污染责任人认定

办法（试行)》《异位热解吸技术修复污染土壤工程技术规范》《原位热脱附修复工程技术规范》等技术规范、标准、政策，推动行业规范管理、提升行业发展水平。

（4）创新鼓励型政策

创新鼓励型政策主要体现在以下几个方面：

一是推进环境技术成果转化，充分发挥国家生态环境科技成果转化综合服务平台的作用，做好环境污染治理方案和技术需求方和供给方的对接，协助环保企业优化资产配置、提升技术能力与运营水平。

二是推进环境治理模式创新，引导鼓励工业园区和企业推进环境污染第三方治理，推进工业园区、小城镇环境综合治理托管服务模式试点，探索生态环境导向的发展（EOD）模式。

附录

2019 年政策汇总

附录 1 需求拉动型政策

序号	政策名称	文号	成文时间	发文机关	类型
1	优化营商环境条例	国务院令 第722 号	2019 年 10 月 22 日	国务院	法律法规
2	政府投资条例	国务院令 第712 号	2019 年 4 月 14 日	国务院	法律法规
3	生活垃圾分类标志（GB/T 19095—2019）	—	2019 年 12 月 1 日	国家市场监督管理总局 中国国家标准化管理委员会	标准政策
4	关于发布《危险废物填埋污染控制标准》的公告	生态环境部公告 2019 年第 37 号	2019 年 9 月 30 日	生态环境部	标准政策
5	关于发布《挥发性有机物无组织排放控制标准》等三项国家大气污染物排放标准的公告	生态环境部公告 2019 年第 18 号	2019 年 5 月 24 日	生态环境部	标准政策

序号	政策名称	文号	成文时间	发文机关	类型
6	农村黑臭水体治理工作指南（试行）	环办土壤函〔2019〕826号	2019年11月7日	生态环境部	规划政策
7	关于印发《长三角地区2019—2020年秋冬季大气污染综合治理攻坚行动方案》的通知	环大气〔2019〕97号	2019年11月4日	生态环境部 国家发展和改革委员会 工业和信息化部 公安部 财政部 住房和城乡建设部 交通运输部 商务部 国家市场监督管理总局 国家能源局 上海市人民政府 江苏省人民政府 浙江省人民政府 安徽省人民政府	规划政策
8	关于印发《汾渭平原2019—2020年秋冬季大气污染综合治理攻坚行动方案》的通知	环大气〔2019〕98号	2019年11月4日	生态环境部 国家发展和改革委员会 工业和信息化部 公安部 财政部 住房和城乡建设部 交通运输部 商务部 国家市场监督管理总局 国家能源局 山西省人民政府 河南省人民政府 陕西省人民政府	规划政策
9	关于提升危险废物环境监管能力、利用处置能力和环境风险防范能力的指导意见	环固体〔2019〕92号	2019年10月15日	生态环境部	规划政策
10	关于印发《京津冀及周边地区2019—2020年秋冬季大气污染综合治理攻坚行动方案》的通知	环大气〔2019〕88号	2019年9月25日	生态环境部 国家发展和改革委员会 工业和信息化部 公安部 财政部 住房和城乡建设部 交通运输部 商务部 国家市场监督管理总局 国家能源局 北京市人民政府 天津市人民政府 河北省人民政府 山西省人民政府 山东省人民政府 河南省人民政府	规划政策
11	工业炉窑大气污染综合治理方案	环大气〔2019〕56号	2019年7月1日	生态环境部 国家发展和改革委员会 工业和信息化部 财政部	规划政策

序号	政策名称	文号	成文时间	发文机关	类型
12	重点行业挥发性有机物综合治理方案	环大气〔2019〕53 号	2019 年 6 月 26 日	生态环境部	规划政策
13	关于印发《"无废城市"建设试点实施方案编制指南》和《"无废城市"建设指标体系（试行）》的函	环办固体函〔2019〕467 号	2019 年 5 月 8 日	生态环境部办公厅	规划政策
14	关于印发《蓝天保卫战重点区域强化监督定点帮扶工作方案》的通知	环执法〔2019〕38 号	2019 年 5 月 5 日	生态环境部	规划政策
15	关于印发城镇污水处理提质增效三年行动方案（2019—2021 年）的通知	建城〔2019〕52 号	2019 年 4 月 29 日	住房和城乡建设部 生态环境部 国家发展和改革委员会	规划政策
16	关于在全国地级及以上城市全面开展生活垃圾分类工作的通知	建城〔2019〕56 号	2019 年 4 月 26 日	住房和城乡建设部 国家发展和改革委员会 生态环境部 教育部 商务部 中央精神文明建设指导委员会办公室 中国共产主义青年团中央委员会 中华全国妇女联合会 国家机关事务管理局	规划政策
17	关于推进实施钢铁行业超低排放的意见	环大气〔2019〕35 号	2019 年 4 月 22 日	生态环境部 国家发展和改革委员会 工业和信息化部 财政部 交通运输部	规划政策
18	关于印发"无废城市"建设试点推进工作方案的通知	国发办〔2018〕128 号	2018 年 12 月 29 日	国务院办公厅	规划政策
19	关于印发地下水污染防治实施方案的通知	环土壤〔2019〕25 号	2019 年 3 月 28 日	生态环境部 自然资源部 住房和城乡建设部 水利部 农业农村部	规划政策

附录 2 激励促进型政策

序号	政策名称	文号	发布时间	部门	类型
1	关于印发《碳排放权交易有关会计处理暂行规定》的通知	财会〔2019〕22 号	2019 年 12 月 16 日	财政部	财政政策
2	关于促进政府采购公平竞争优化营商环境的通知	财库〔2019〕38 号	2019 年 7 月 26 日	财政部	财政政策
3	关于开展财政支持深化民营和小微企业金融服务综合改革试点城市工作的通知	财金〔2019〕62 号	2019 年 7 月 16 日	财政部 科技部 工业和信息化部 人民银行 银保监会	财政政策
4	关于下达 2019 年度重点生态保护修复治理专项资金（第四批）预算的通知	财资环〔2019〕23 号	2019 年 7 月 10 日	财政部	财政政策
5	关于继续执行的车辆购置税优惠政策的公告	财政部 国家税务总局公告 2019 年第 75 号	2019 年 6 月 28 日	财政部 国家税务总局	财政政策
6	城市管网及污水处理补助资金管理办法	财建〔2019〕288 号	2019 年 6 月 13 日	财政部	财政政策
7	关于下达 2019 年度水污染防治资金预算的通知	财资环〔2019〕7 号	2019 年 6 月 13 日	财政部	财政政策
8	关于下达 2019 年度大气污染防治资金预算的通知	财资环〔2019〕6 号	2019 年 6 月 13 日	财政部	财政政策
9	关于下达 2019 年土壤污染防治专项资金预算的通知	财资环〔2019〕8 号	2019 年 6 月 13 日	财政部	财政政策
10	关于下达 2019 年农村环境整治资金预算的通知	财资环〔2019〕9 号	2019 年 6 月 13 日	财政部	财政政策

序号	政策名称	文号	发布时间	部门	类型
11	水污染防治资金管理办法	财资环〔2019〕10 号	2019 年 6 月 13 日	财政部	财政政策
12	土壤污染防治专项资金管理办法	财资环〔2019〕11 号	2019 年 6 月 13 日	财政部	财政政策
13	农村环境整治资金管理办法	财资环〔2019〕12 号	2019 年 6 月 13 日	财政部	财政政策
14	关于下达 2019 年度重点生态保护修复治理专项资金（第三批）预算的通知	财资环〔2019〕13 号	2019 年 6 月 13 日	财政部	财政政策
15	关于《可再生能源发展专项资金管理暂行办法》的补充通知	财建〔2019〕298 号	2019 年 6 月 11 日	财政部	财政政策
16	关于做好地方政府专项债券发行及项目配套融资工作的通知	—	2019 年 6 月 10 日	中共中央办公厅 国务院办公厅	财政政策
17	关于支持新能源公交车推广应用的通知	财建〔2019〕213 号	2019 年 5 月 8 日	财政部 工业和信息化部 交通运输部 发展改革委	财政政策
18	关于扩大固定资产加速折旧优惠政策适用范围的公告	财政部 国家税务总局公告 2019 年第 66 号	2019 年 4 月 23 日	财政部 国家税务总局	财政政策
19	政府投资条例	国务院令 第 712 号	2019 年 4 月 14 日	国务院	财政政策
20	关于开展农村"厕所革命"整村推进财政奖补工作的通知	财农〔2019〕19 号	2019 年 4 月 3 日	财政部 农业农村部	财政政策
21	关于进一步完善新能源汽车推广应用财政补贴政策的通知	财建〔2019〕138 号	2019 年 3 月 26 日	财政部 工业和信息化部 科技部 发展改革委	财政政策
22	服务业发展资金管理办法	财建〔2019〕50 号	2019 年 3 月 15 日	财政部	财政政策
23	关于调整优化节能产品、环境标志产品政府采购执行机制的通知	财库〔2019〕9 号	2019 年 2 月 1 日	财政部 发展改革委 生态环境部 市场监管总局	财政政策

中国环境规划政策绿皮书
中国环保产业政策报告2019

序号	政策名称	文号	发布时间	部门	类型
24	关于加快推进农业水价综合改革的通知	发改价格〔2019〕855 号	2019 年 5 月 15 日	国家发展改革委 财政部 水利部 农业农村部	价格政策
25	关于印发《国家节水行动方案》的通知	发改环资规〔2019〕695 号	2019 年 4 月 15 日	发展改革委 水利部	价格政策
26	关于电网企业增值税税率调整相应降低一般工商业电价的通知	发改价格〔2019〕559 号	2019 年 3 月 27 日	国家发展改革委	价格政策
27	关于坚持农业农村优先发展做好"三农"工作的若干意见	中发〔2019〕1 号	2019 年 1 月 3 日	中共中央 国务院	价格政策
28	关于调整重大技术装备进口税收政策有关目录的通知	财关税〔2019〕38 号	2019 年 11 月 26 日	财政部 工业和信息化部 海关总署 国家税务总局 能源局	税收政策
29	关于从事污染防治的第三方企业所得税政策问题的公告	财政部公告 2019 年第 60 号	2019 年 4 月 13 日	财政部 国家税务总局 国家发展改革委 生态环境部	税收政策
30	关于深化增值税改革有关政策的公告	财政部 国家税务总局 海关总署公告 2019 年第 39 号	2019 年 4 月 20 日	财政部 国家税务总局 海关总署	税收政策
31	关于实施小微企业普惠性税收减免政策的通知	财税〔2019〕13 号	2019 年 1 月 17 日	财政部 国家税务总局	税收政策
32	关于促进生物天然气产业化发展的指导意见	发改能源规〔2019〕1895 号	2019 年 12 月 4 日	发展改革委 能源局 财政部 自然资源部 生态环境部 住房和城乡建设部 农业农村部 应急管理部 人民银行 国家税务总局	金融政策

序号	政策名称	文号	发布时间	部门	类型
33	关于加快推进工业节能与绿色发展的通知	工信厅联节〔2019〕16 号	2019 年 3 月 19 日	工业和信息化部 国家开发银行	金融政策
34	关于做好 2019 年银行业保险业服务乡村振兴和助力脱贫攻坚工作的通知	银保监办发〔2019〕38 号	2019 年 3 月 1 日	中国银保监会办公厅	金融政策
35	绿色产业指导目录（2019 年版）	发改环资〔2019〕293 号	2019 年 2 月 14 日	国家发展改革委 工业和信息化部 自然资源部 生态环境部 住房和城乡建设部 人民银行 能源局	金融政策
36	关于加强金融服务民营企业的若干意见	中办发〔2019〕6 号	2019 年 1 月 25 日	中共中央办公厅 国务院办公厅	金融政策
37	关于支持服务民营企业绿色发展的意见	环综合〔2019〕6 号	2019 年 1 月 11 日	生态环境部 全国工商联	金融政策
38	关于推进贸易高质量发展的指导意见	国务院公报 2019 年第 35 号	2019 年 11 月 19 日	中共中央 国务院	贸易政策
39	鼓励外商投资产业目录（2019 年版）	国家发展改革委 商务部 令 2019 年第 27 号	2019 年 6 月 30 日	国家发展改革委 商务部	贸易政策

附录 3 规范引导型技术规范政策

序号	政策名称	文号	成文时间	部门	类型
1	关于印发《中国严格限制的有毒化学品名录》（2020年）的公告	生态环境部 商务部 海关总署公告2019年第60号	2019年12月31日	生态环境部 商务部 海关总署	监管政策
2	危险货物道路运输安全管理办法	2019年第29号	2019年11月10日	交通运输部 工业和信息化部 公安部 生态环境部 应急管理部 国家市场监督管理总局	监管政策
3	关于进一步推动构建国资监管大格局有关工作的通知	国资发法规〔2019〕117号	2019年11月8日	国务院国资委	监管政策
4	中央企业混合所有制改革操作指引	国资产权〔2019〕653号	2019年10月31日	国务院国资委	监管政策
5	关于发布《建设项目环境影响报告书（表）编制监督管理办法》配套文件的公告	生态环境部公告2019年 第38号	2019年10月25日	生态环境部	监管政策
6	关于启用环境影响评价信用平台的公告	生态环境部公告2019年第39号	2019年10月25日	生态环境部	监管政策
7	关于提升危险废物环境监管能力、利用处置能力和环境风险防范能力的指导意见	环固体〔2019〕92号	2019年10月16日	生态环境部	监管政策
8	建设项目环境影响报告书（表）编制监督管理办法	生态环境部令 第9号	2019年9月20日	生态环境部	监管政策
9	关于进一步深化生态环境监管服务推动经济高质量发展的意见	环综合〔2019〕74号	2019年9月10日	生态环境部	监管政策
10	国务院关于加强和规范事中事后监管的指导意见	国发〔2019〕18号	2019年9月6日	国务院	监管政策
11	关于推送并应用市场主体公共信用综合评价结果的通知	发改办财金〔2019〕885号	2019年9月1日	国家发展改革委	监管政策

序号	政策名称	文号	成文时间	部门	类型
12	关于加快推进社会信用体系建设构建以信用为基础的新型监管机制的指导意见	国办发〔2019〕35 号	2019 年 7 月 9 日	国务院	监管政策
13	加快完善市场主体退出制度改革方案	发改财金〔2019〕1104 号	2019 年 6 月 22 日	国家发展改革委 最高人民法院 工业和信息化部 民政部 司法部 财政部 人力资源社会保障部 人民银行 国资委 国家税务总局 市场监管总局 银保监会 证监会	监管政策
14	民用核安全设备无损检验人员资格管理规定	生态环境部令第 6 号	2019 年 6 月 13 日	生态环境部	监管政策
15	民用核安全设备焊接人员资格管理规定	生态环境部令第 5 号	2019 年 6 月 12 日	生态环境部	监管政策
16	关于发布 2019 年全国可继续使用倾倒区和暂停使用倾倒区名录的公告	生态环境公告 2019 年第 17 号	2019 年 5 月 22 日	生态环境部	监管政策
17	报废机动车回收管理办法	国务院令第 715 号	2019 年 4 月 22 日	中华人民共和国国务院	监管政策
18	政府信息公开条例	国务院令第 711 号	2019 年 4 月 3 日	国务院	监管政策
19	关于禁止生产、流通、使用和进出口林丹等持久性有机污染物的公告	生态环境部 外交部 国家发展和改革委员会 科学技术部 工业和信息化部 农业农村部 商务部 国家卫生健康委员会 应急管理部 海关总署 国家市场监督管理总局公告 2019 年第 10 号	2019 年 3 月 11 日	生态环境部 外交部 国家发展和改革委员会 科学技术部 工业和信息化部 农业农村部 商务部 国家卫生健康委员会 应急管理部 海关总署 国家市场监督管理总局	监管政策

97

序号	政策名称	文号	成文时间	部门	类型
20	关于全面开展工程建设项目审批制度改革的实施意见	国办发〔2019〕11号	2019年3月11日	国务院	监管政策
21	关于发布《生态环境部审批环境影响评价文件的建设项目目录（2019年本）》的公告	生态环境部公告2019年第8号	2019年2月27日	生态环境部	监管政策
22	关于取消建设项目环境影响评价资质行政许可事项后续相关工作要求的公告（暂行）自2019年11月1日起废止	生态环境部公告2019年第2号	2019年1月19日	生态环境部	监管政策
23	关于发布《水质 急性毒性的测定 斑马鱼卵法》等十五项国家环境保护标准的公告	生态环境部公告2019年第59号	2019年12月31日	生态环境部	技术规范政策
24	固定污染源废气 氟化氢的测定 离子色谱法	HJ 688—2019	2019年12月31日	生态环境部	技术规范标准
25	固定污染源废气 甲硫醇等8种含硫有机化合物的测定 气袋采样-预浓缩/气相色谱-质谱法	HJ 1078—2019	2019年12月31日	生态环境部	技术规范标准
26	固定污染源废气 氯苯类化合物的测定 气相色谱法	HJ 1079—2019	2019年12月31日	生态环境部	技术规范标准
27	固定污染源废气 油烟和油雾的测定 红外分光光度法	HJ 1077—2019	2019年12月31日	生态环境部	技术规范标准
28	环境空气 氨、甲胺、二甲胺和三甲胺的测定 离子色谱法	HJ 1076—2019	2019年12月31日	生态环境部	技术规范标准
29	水质 15种氯代除草剂的测定 气相色谱法	HJ 1070—2019	2019年12月31日	生态环境部	技术规范标准

序号	政策名称	文号	成文时间	部门	类型
30	水质 吡啶的测定 顶空/气相色谱法	HJ 1072—2019	2019 年 12 月 31 日	生态环境部	技术规范标准
31	水质 草甘膦的测定 高效液相色谱法	HJ 1071—2019	2019 年 12 月 31 日	生态环境部	技术规范标准
32	水质 急性毒性的测定 斑马鱼卵法	HJ 1069—2019	2019 年 12 月 31 日	生态环境部	技术规范标准
33	水质 萘酚的测定 高效液相色谱法	HJ 1073—2019	2019 年 12 月 31 日	生态环境部	技术规范标准
34	水质 三丁基锡等 4 种有机锡化合物的测定 液相色谱-电感耦合等离子体质谱法	HJ 1074—2019	2019 年 12 月 31 日	生态环境部	技术规范标准
35	水质 浊度的测定 浊度计法	HJ 1075—2019	2019 年 12 月 31 日	生态环境部	技术规范标准
36	土壤和沉积物 钴的测定 火焰原子吸收分光光度法	HJ 1081—2019	2019 年 12 月 31 日	生态环境部	技术规范标准
37	土壤和沉积物 六价铬的测定 碱溶液提取-火焰原子吸收分光光度法	HJ 1082—2019	2019 年 12 月 31 日	生态环境部	技术规范标准
38	土壤和沉积物 铊的测定 石墨炉原子吸收分光光度法	HJ 1080—2019	2019 年 12 月 31 日	生态环境部	技术规范标准

序号	政策名称	文号	成文时间	部门	类型
39	关于发布《污水监测技术规范》等十一项国家环境保护标准的公告	生态环境部公告2019年第58号	2019年12月25日	生态环境部	技术规范政策
40	氨氮水质在线自动监测仪技术要求及检测方法	HJ 101—2019	2019年12月24日	生态环境部	技术规范标准
41	超声波明渠污水流量计技术要求及检测方法	HJ 15—2019	2019年12月24日	生态环境部	技术规范标准
42	化学需氧量（COD_{Cr}）水质在线自动监测仪技术要求及检测方法	HJ 377—2019	2019年12月24日	生态环境部	技术规范标准
43	六价铬水质自动在线监测仪技术要求及检测方法	HJ 609—2019	2019年12月24日	生态环境部	技术规范标准
44	水污染源在线监测系统（COD_{Cr}、NH_3-N等）安装技术规范	HJ 353—2019	2019年12月24日	生态环境部	技术规范标准
45	水污染源在线监测系统（COD_{Cr}、NH_3-N等）数据有效性判别技术规范	HJ 356—2019	2019年12月24日	生态环境部	技术规范标准
46	水污染源在线监测系统（COD_{Cr}、NH_3-N等）验收技术规范	HJ 354—2019	2019年12月24日	生态环境部	技术规范标准
47	水污染源在线监测系统（COD_{Cr}、NH_3-N等）运行技术规范	HJ 355—2019	2019年12月24日	生态环境部	技术规范标准

序号	政策名称	文号	成文时间	部门	类型
48	水质 苯系物的测定 顶空/气相色谱法	HJ 1067—2019	2019 年 12 月 24 日	生态环境部	技术规范标准
49	土壤 粒度的测定 吸液管法和比重计法	HJ 1068—2019	2019 年 12 月 24 日	生态环境部	技术规范标准
50	污水监测技术规范	HJ 91.1—2019	2019 年 12 月 24 日	生态环境部	技术规范标准
51	关于发布《环境标志产品技术要求 吸油烟机》等 3 项国家环境保护标准的公告	生态环境部公告 2019 年第 55 号	2019 年 12 月 16 日	生态环境部	技术规范政策
52	环境标志产品技术要求 化妆品	HJ 1060—2019	2019 年 12 月 13 日	生态环境部	技术规范标准
53	环境标志产品技术要求 吸收性卫生用品	HJ 1061—2019	2019 年 12 月 13 日	生态环境部	技术规范标准
54	环境标志产品技术要求 吸油烟机	HJ 1059—2019	2019 年 12 月 13 日	生态环境部	技术规范标准
55	关于发布国家环境保护标准《规划环境影响评价技术导则 总纲》的公告	生态环境部公告 2019 年第 54 号	2019 年 12 月 13 日	生态环境部	技术规范政策
56	规划环境影响评价技术导则 总纲	HJ 130—2019	2019 年 12 月 13 日	生态环境部	技术规范标准

序号	政策名称	文号	成文时间	部门	类型
57	关于发布《排污许可证申请与核发技术规范 制药工业——生物药品制品制造》《排污许可证申请与核发技术规范 制药工业——化学药品制剂制造》《排污许可证申请与核发技术规范 制药工业——中成药生产》《排污许可证申请与核发技术规范 制革及毛皮加工工业——毛皮加工工业》《排污许可证申请与核发技术规范 印刷工业》等五项国家环境保护标准的公告	生态环境部公告2019年第53号	2019年12月11日	生态环境部	技术规范政策
58	排污许可证申请与核发技术规范 印刷工业	HJ 1066—2019	2019年12月10日	生态环境部	技术规范标准
59	排污许可证申请与核发技术规范 制革及毛皮加工工业——毛皮加工工业	HJ 1065—2019	2019年12月10日	生态环境部	技术规范标准
60	排污许可证申请与核发技术规范 制药工业——化学药品制剂制造	HJ 1063—2019	2019年12月10日	生态环境部	技术规范标准
61	排污许可证申请与核发技术规范 制药工业——生物药品制品制造	HJ 1062—2019	2019年12月10日	生态环境部	技术规范标准
62	排污许可证申请与核发技术规范 制药工业——中成药生产	HJ 1064—2019	2019年12月10日	生态环境部	技术规范标准
63	关于发布《建设用地土壤污染状况调查技术导则》等5项国家环境保护标准的公告	生态环境部公告2019年第52号	2019年12月6日	生态环境部	技术规范政策

序号	政策名称	文号	成文时间	部门	类型
64	建设用地土壤污染风险管控和修复监测技术导则	HJ 25.2—2019	2019 年 12 月 5 日	生态环境部	技术规范标准
65	建设用地土壤污染风险管控和修复术语	HJ 682—2019	2019 年 12 月 5 日	生态环境部	技术规范标准
66	建设用地土壤污染风险评估技术导则	HJ 25.3—2019	2019 年 12 月 5 日	生态环境部	技术规范标准
67	建设用地土壤污染状况调查技术导则	HJ 25.1—2019	2019 年 12 月 5 日	生态环境部	技术规范标准
68	建设用地土壤修复技术导则	HJ 25.4—2019	2019 年 12 月 5 日	生态环境部	技术规范标准
69	关于发布《核动力厂营运单位的应急准备和应急响应》等三个核安全导则的通知	国核安发〔2019〕244 号	2019 年 12 月 2 日	国家核安全局	技术规范标准
70	核动力厂营运单位的应急准备和应急响应	HAD002/01—2019	2019 年 12 月 2 日	生态环境部	技术规范标准
71	核燃料循环设施营运单位的应急准备和应急响应	HAD002/07—2019	2019 年 12 月 2 日	生态环境部	技术规范标准
72	研究堆营运单位的应急准备和应急响应	HAD002/06—2019	2019 年 12 月 2 日	生态环境部	技术规范标准

序号	政策名称	文号	成文时间	部门	类型
73	关于发布《危险废物鉴别标准 通则》（GB 5085.7—2019）的公告	生态环境部公告2019年第46号	2019年11月12日	生态环境部	技术规范政策
74	危险废物鉴别标准 通则	GB 5085.7—2019	2019年11月12日	生态环境部	技术规范标准
75	危险废物鉴别技术规范	HJ 298—2019	2019年11月13日	生态环境部	技术规范标准
76	关于发布《组合聚醚中 HCFC-22、CFC-11 和 HCFC-141b 等消耗臭氧层物质的测定 顶空/气相色谱-质谱法》等两项国家环境保护标准的公告	生态环境部公告2019年第45号	2019年10月31日	生态环境部	技术规范政策
77	硬质聚氨酯泡沫和组合聚醚中 CFC-12、HCFC-22、CFC-11 和 HCFC-141b 等消耗臭氧层物质的测定 便携式顶空/气相色谱-质谱法	HJ 1058—2019	2019年10月31日	生态环境部	技术规范标准
78	组合聚醚中 HCFC-22、CFC-11 和 HCFC-141b 等消耗臭氧层物质的测定 顶空/气相色谱-质谱法	HJ 1057—2019	2019年10月31日	生态环境部	技术规范标准
79	关于发布《固定污染源废气 溴化氢的测定 离子色谱法》等六项国家环境保护标准的公告	生态环境部公告2019年第44号	2019年10月29日	生态环境部	技术规范政策
80	固定污染源废气 三甲胺的测定 抑制型离子色谱法	HJ 1041—2019	2019年10月29日	生态环境部	技术规范标准

序号	政策名称	文号	成文时间	部门	类型
81	固定污染源废气 溴化氢的测定 离子色谱法	HJ 1040—2019	2019 年 10 月 29 日	生态环境部	技术规范标准
82	固定污染 源烟气(二氧化硫和氮氧化物)便携式紫外吸收法测量仪器技术要求及检测方法	HJ 1045—2019	2019 年 10 月 29 日	生态环境部	技术规范标准
83	环境空气 氮氧化物的自动测定 化学发光法	HJ 1043—2019	2019 年 10 月 29 日	生态环境部	技术规范标准
84	环境空气 二氧化硫的自动测定 紫外荧光法	HJ 1044—2019	2019 年 10 月 29 日	生态环境部	技术规范标准
85	环境空气和废气 三甲胺的测定 溶液吸收-顶空/气相色谱法	HJ 1042—2019	2019 年 10 月 29 日	生态环境部	技术规范标准
86	关于发布《土壤 石油类的测定 红外分光光度法》等五项国家环境保护标准的公告	生态环境部公告 2019 年第 43 号	2019 年 10 月 29 日	生态环境部	技术规范政策
87	土壤 石油类的测定 红外分光光度法	HJ 1051—2019	2019 年 10 月 29 日	生态环境部	技术规范标准
88	土壤和沉积物 11 种三嗪类农药的测定 高效液相色谱法	HJ 1052—2019	2019 年 10 月 29 日	生态环境部	技术规范标准
89	土壤和沉积物 8 种酰胺类农药的测定 气相色谱-质谱法	HJ 1053—2019	2019 年 10 月 29 日	生态环境部	技术规范标准

序号	政策名称	文号	成文时间	部门	类型
90	土壤和沉积物 草甘膦的测定 高效液相色谱法	HJ 1055—2019	2019 年 10 月 29 日	生态环境部	技术规范标准
91	土壤和沉积物 二硫代氨基甲酸酯（盐）类农药总量的测定 顶空/气相色谱法	HJ 1054—2019	2019 年 10 月 29 日	生态环境部	技术规范标准
92	关于发布《水质 锑的测定 火焰原子吸收分光光度法》等五项国家环境保护标准的公告	生态环境部公告 2019 年第 42 号	2019 年 10 月 29 日	生态环境部	技术规范政策
93	水质 17 种苯胺类化合物的测定 液相色谱-三重四极杆质谱法	HJ 1048—2019	2019 年 10 月 29 日	生态环境部	技术规范标准
94	水质 4 种硝基酚类化合物的测定 液相色谱-三重四极杆质谱法	HJ 1049—2019	2019 年 10 月 29 日	生态环境部	技术规范标准
95	水质 氯酸盐、亚氯酸盐、溴酸盐、二氯乙酸和三氯乙酸的测定 离子色谱法	HJ 1050—2019	2019 年 10 月 29 日	生态环境部	技术规范标准
96	水质 锑的测定 火焰原子吸收分光光度法	HJ 1046—2019	2019 年 10 月 29 日	生态环境部	技术规范标准
97	水质 锑的测定 石墨炉原子吸收分光光度法	HJ 1047—2019	2019 年 10 月 29 日	生态环境部	技术规范标准
98	关于发布国家环境保护标准《核动力厂液态流出物中 14C 分析方法 湿法氧化法》的公告	生态环境部公告 2019 年第 41 号	2019 年 10 月 28 日	生态环境部	技术规范标准

序号	政策名称	文号	成文时间	部门	类型
99	核动力厂液态流出物中 14C 分析方法　湿法氧化法	HJ 1056—2019	2019 年 10 月 28 日	生态环境部	技术规范标准
100	关于发布《排污许可证申请与核发技术规范 生活垃圾焚烧》国家环境保护标准的公告	生态环境部公告 2019 年第 40 号	2019 年 10 月 28 日	生态环境部	技术规范政策
101	排污许可证申请与核发技术规范　生活垃圾焚烧	HJ 1039—2019	2019 年 10 月 28 日	生态环境部	技术规范标准
102	工业和信息化部关于印发《印染行业绿色发展技术指南（2019 年版）》的通知	工信部消费〔2019〕229 号	2019 年 10 月 24 日	工业和信息化部	技术规范政策
103	关于发布《危险废物填埋污染控制标准》的公告	生态环境部公告 2019 年第 37 号	2019 年 10 月 10 日	生态环境部	技术规范政策
104	关于发布《排污许可证申请与核发技术规范 危险废物焚烧》国家环境保护标准的公告	生态环境部公告 2019 年第 35 号	2019 年 9 月 3 日	生态环境部	技术规范政策
105	排污许可证申请与核发技术规范　危险废物焚烧	HJ 1038—2019	2019 年 9 月 3 日	生态环境部	技术规范标准
106	关于印发《化学物质环境风险评估技术方法框架性指南（试行）》的通知	环办固体〔2019〕54 号	2019 年 9 月 3 日	生态环境部办公厅 国家卫生健康委员会办公厅	技术规范政策
107	关于印发《生态保护红线勘界定标技术规程》的通知	环办生态〔2019〕49 号	2019 年 8 月 30 日	生态环境部办公厅 自然资源部办公厅	技术规范政策
108	关于发布煤炭采选业等 5 个行业清洁生产评价指标体系的公告	国家发展和改革委员会 生态环境部 工业和信息化部公告 2019 年第 8 号	2019 年 8 月 28 日	国家发展改革委 生态环境部 工业和信息化部	技术规范政策

序号	政策名称	文号	成文时间	部门	类型
109	肥料制造业（磷肥）清洁生产评价指标体系	—	2019 年 8 月 28 日	国家发展改革委 生态环境部 工业和信息化部	技术规范标准
110	硫酸锌行业清洁生产评价指标体系	—	2019 年 8 月 28 日	国家发展改革委 生态环境部 工业和信息化部	技术规范标准
111	煤炭采选业清洁生产评价指标体系	—	2019 年 8 月 28 日	国家发展改革委 生态环境部 工业和信息化部	技术规范标准
112	污水处理及其再生利用行业清洁生产评价指标体系	—	2019 年 8 月 28 日	国家发展改革委 生态环境部 工业和信息化部	技术规范标准
113	锌冶炼业清洁生产评价指标体系	—	2019 年 8 月 28 日	国家发展改革委 生态环境部 工业和信息化部	技术规范标准
114	关于发布国家环境保护标准《核动力厂取排水环境影响评价指南（试行）》的公告	生态环境部公告 2019 年第 33 号	2019 年 8 月 27 日	生态环境部	技术规范政策
115	核动力厂取排水环境影响评价指南（试行）	HJ 1037—2019	2019 年 8 月 27 日	生态环境部	技术规范标准
116	关于发布《排污许可证申请与核发技术规范 工业固体废物和危险废物治理》《排污许可证申请与核发技术规范 废弃资源加工工业》《排污许可证申请与核发技术规范 食品制造工业——方便食品、食品及饲料添加剂制造工业》等三项国家环境保护标准的公告	生态环境部公告 2019 年第 31 号	2019 年 8 月 19 日	生态环境部	技术规范政策

序号	政策名称	文号	成文时间	部门	类型
117	排污许可证申请与核发技术规范 废弃资源加工工业	HJ 1034—2019	2019 年 8 月 19 日	生态环境部	技术规范标准
118	排污许可证申请与核发技术规范 工业固体废物和危险废物治理	HJ 1033—2019	2019 年 8 月 19 日	生态环境部	技术规范标准
119	排污许可证申请与核发技术规范 食品制造工业——方便食品、食品及饲料添加剂制造工业	HJ 1030.3—2019	2019 年 8 月 19 日	生态环境部	技术规范标准
120	关于发布《排污许可证申请与核发技术规范 无机化学工业》《排污许可证申请与核发技术规范 聚氯乙烯工业》等两项国家环境保护标准的公告	生态环境部公告 2019 年第 32 号	2019 年 8 月 19 日	生态环境部	技术规范政策
121	排污许可证申请与核发技术规范 聚氯乙烯工业	HJ 1036—2019	2019 年 8 月 19 日	生态环境部	技术规范标准
122	排污许可证申请与核发技术规范 无机化学工业	HJ 1035—2019	2019 年 8 月 19 日	生态环境部	技术规范标准
123	关于发布《排污许可证申请与核发技术规范 人造板工业》国家环境保护标准的公告	生态环境部公告 2019 年第 29 号	2019 年 7 月 25 日	生态环境部	技术规范政策
124	排污许可证申请与核发技术规范 人造板工业	HJ 1032—2019	2019 年 7 月 25 日	生态环境部	技术规范标准
125	关于发布《排污许可证申请与核发技术规范 电子工业》国家环境保护标准的公告	生态环境部公告 2019 年第 27 号	2019 年 7 月 24 日	生态环境部	技术规范政策

序号	政策名称	文号	成文时间	部门	类型
126	排污许可证申请与核发技术规范　电子工业	HJ 1031—2019	2019 年 7 月 24 日	生态环境部	技术规范标准
127	关于发布《废弃电器电子产品拆解处理情况审核工作指南（2019 年版）》的公告	国环规固体〔2019〕1 号	2019 年 6 月 25 日	生态环境部	技术规范政策
128	关于发布《排污许可证申请与核发技术规范　食品制造工业——乳制品制造工业》和《排污许可证申请与核发技术规范　食品制造工业——调味品、发酵制品制造工业》两项国家环境保护标准的公告	生态环境部公告2019 年第 25 号	2019 年 6 月 21 日	生态环境部	技术规范政策
129	排污许可证申请与核发技术规范　食品制造工业——乳制品制造工业	HJ 1030.1—2019	2019 年 6 月 21 日	生态环境部	技术规范标准
130	排污许可证申请与核发技术规范　食品制造工业——调味品、发酵制品制造工业	HJ 1030.2—2019	2019 年 6 月 21 日	生态环境部	技术规范标准
131	关于发布《污染地块地下水修复和风险管控技术导则》国家环境保护标准的公告	生态环境部公告2019 年第 24 号	2019 年 6 月 19 日	生态环境部	技术规范政策
132	污染地块地下水修复和风险管控技术导则	HJ 25.6—2019	2019 年 6 月 19 日	生态环境部	技术规范标准
133	关于发布《排污许可证申请与核发技术规范　酒、饮料制造工业》和《排污许可证申请与核发技术规范　畜禽养殖行业》两项国家环境保护标准的公告	生态环境部公告2019 年第 23 号	2019 年 6 月 18 日	生态环境部	技术规范政策

序号	政策名称	文号	成文时间	部门	类型
134	排污许可证申请与核发技术规范 畜禽养殖行业	HJ 1029—2019	2019 年 6 月 18 日	生态环境部	技术规范标准
135	排污许可证申请与核发技术规范 酒、饮料制造工业	HJ 1028—2019	2019 年 6 月 18 日	生态环境部	技术规范标准
136	关于发布《大型活动碳中和实施指南（试行）》的公告	生态环境部公告 2019 年第 19 号	2019 年 6 月 14 日	生态环境部	技术规范政策
137	关于发布《排污许可证申请与核发技术规范 家具制造工业》国家环境保护标准的公告	生态环境部公告 2019 年第 21 号	2019 年 6 月 5 日	生态环境部	技术规范政策
138	排污许可证申请与核发技术规范 家具制造工业	HJ 1027—2019	2019 年 6 月 5 日	生态环境部	技术规范标准
139	关于发布《挥发性有机物无组织排放控制标准》等三项国家大气污染物排放标准的公告	生态环境部公告 2019 年第 18 号	2019 年 5 月 29 日	生态环境部	技术规范政策
140	挥发性有机物无组织排放控制标准	GB 37822—2019	2019 年 5 月 29 日	生态环境部	技术规范标准
141	制药工业大气污染物排放标准	GB 37823—2019	2019 年 5 月 29 日	生态环境部	技术规范标准
142	涂料、油墨及胶粘剂工业大气污染物排放标准	GB 37824—2019	2019 年 5 月 29 日	生态环境部	技术规范标准
143	关于发布《固体废物 热灼减率的测定 重量法》等三项国家环境保护标准的公告	生态环境部公告 2019 年第 16 号	2019 年 5 月 20 日	生态环境部	技术规范政策

序号	政策名称	文号	成文时间	部门	类型
144	固体废物 氨基甲酸酯类农药的测定 高效液相色谱-三重四极杆质谱法	HJ 1026—2019	2019 年 5 月 20 日	生态环境部	技术规范标准
145	固体废物 氨基甲酸酯类农药的测定 柱后衍生-高效液相色谱法	HJ 1025—2019	2019 年 5 月 20 日	生态环境部	技术规范标准
146	固体废物 热灼减率的测定 重量法	HJ 1024—2019	2019 年 5 月 20 日	生态环境部	技术规范标准
147	关于发布《地块土壤和地下水中挥发性有机物采样技术导则》等六项国家环境保护标准的公告	生态环境部公告 2019 年第 15 号	2019 年 5 月 13 日	生态环境部	技术规范政策
148	地块土壤和地下水中挥发性有机物采样技术导则	HJ 1019—2019	2019 年 5 月 13 日	生态环境部	技术规范标准
149	土壤和沉积物 苯氧羧酸类农药的测定 高效液相色谱法	HJ 1022—2019	2019 年 5 月 13 日	生态环境部	技术规范标准
150	土壤和沉积物 石油烃（$C_{10} \sim C_{40}$）的测定 气相色谱法	HJ 1021—2019	2019 年 5 月 13 日	生态环境部	技术规范标准
151	土壤和沉积物 石油烃（$C_6 \sim C_9$）的测定 吹扫捕集/气相色谱法	HJ 1020—2019	2019 年 5 月 13 日	生态环境部	技术规范标准
152	土壤和沉积物 铜、锌、铅、镍、铬的测定 火焰原子吸收分光光度法	HJ 491—2019	2019 年 5 月 13 日	生态环境部	技术规范标准

序号	政策名称	文号	成文时间	部门	类型
153	土壤和沉积物　有机磷类和拟除虫菊酯类等 47 种农药的测定　气相色谱-质谱法	HJ 1023—2019	2019 年 5 月 13 日	生态环境部	技术规范标准
154	关于发布《水质　联苯胺的测定　高效液相色谱法》等三项国家环境保护标准的公告	生态环境部公告 2019 年第 13 号	2019 年 4 月 15 日	生态环境部	技术规范政策
155	水质　磺酰脲类农药的测定　高效液相色谱法	HJ 1018 —2019	2019 年 4 月 15 日	生态环境部	技术规范标准
156	水质　联苯胺的测定　高效液相色谱法	HJ 1017 —2019	2019 年 4 月 15 日	生态环境部	技术规范标准
157	水质　致突变性的鉴别　蚕豆根尖微核试验法	HJ 1016 —2019	2019 年 4 月 15 日	生态环境部	技术规范标准
158	关于发布国家环境保护标准《暴露参数调查基本数据集》的公告	生态环境部公告 2019 年第 12 号	2019 年 4 月 12 日	生态环境部	技术规范政策
159	暴露参数调查基本数据集	HJ 968—2019	2019 年 4 月 12 日	生态环境部	技术规范标准
160	关于印发《规划环境影响跟踪评价技术指南（试行）》的通知	环办环评〔2019〕20 号	2019 年 3 月 8 日	生态环境部	技术规范政策
161	关于发布国家放射性污染防治标准《放射性物品安全运输规程》的公告	生态环境部公告 2019 年第 7 号	2019 年 2 月 21 日	生态环境部	技术规范政策
162	放射性物品安全运输规程	GB 11806—2019	2019 年 2 月 21 日	生态环境部	技术规范标准

序号	政策名称	文号	成文时间	部门	类型
163	关于发布《环境影响评价技术导则 铀矿冶》等两项国家环境保护标准的公告	生态环境部公告2019年第3号	2019年1月22日	生态环境部	技术规范政策
164	环境影响评价技术导则 铀矿冶	HJ 1015.1—2019	2019年1月22日	生态环境部	技术规范标准
165	环境影响评价技术导则 铀矿冶退役	HJ 1015.2—2019	2019年1月22日	生态环境部	技术规范标准
166	关于发布《污染地块风险管控与土壤修复效果评估技术导则（试行）》国家环境保护标准的公告	生态环境部公告2018年第78号	2019年1月3日	生态环境部	技术规范政策
167	污染地块风险管控与土壤修复效果评估技术导则（试行）	HJ 25.5—2018	2019年1月3日	生态环境部	技术规范标准
168	关于发布《制糖工业污染防治可行技术指南》等4项国家环境保护标准的公告	生态环境部公告2018年第77号	2019年1月2日	生态环境部	技术规范政策
169	玻璃制造业污染防治可行技术指南	HJ 2305—2018	2019年1月2日	生态环境部	技术规范标准
170	炼焦化学工业污染防治可行技术指南	HJ 2306—2018	2019年1月2日	生态环境部	技术规范标准
171	陶瓷工业污染防治可行技术指南	HJ 2304—2018	2019年1月2日	生态环境部	技术规范标准
172	制糖工业污染防治可行技术指南	HJ 2303—2018	2019年1月2日	生态环境部	技术规范标准

序号	政策名称	文号	成文时间	部门	类型
173	2019 年重点用能行业能效"领跑者"企业名单公告	工业和信息化部公告 2019 年第 63 号	2019 年 12 月 27 日	工业和信息化部 国家市场监督管理总局	引导示范政策
174	固定污染源排污许可分类管理名录（2019 年版）	生态环境部令第 11 号	2019 年 12 月 20 日	生态环境部	引导示范政策
175	关于公布第三批全国环保设施和城市污水垃圾处理设施向公众开放单位名单的通知	环办宣教〔2019〕62 号	2019 年 12 月 12 日	生态环境部	引导示范政策
176	国家工业节能技术装备推荐目录（2019 年）	工业和信息化部公告 2019 年第 55 号	2019 年 11 月 26 日	工业和信息化部	引导示范政策
177	"能效之星"产品目录（2019 年）	工业和信息化部公告 2019 年第 53 号	2019 年 11 月 19 日	工业和信息化部	引导示范政策
178	关于命名第三批国家生态文明建设示范市县的公告	生态环境部公告 2019 年第 48 号	2019 年 11 月 14 日	生态环境部	引导示范政策
179	关于命名第三批"绿水青山就是金山银山"实践创新基地的公告	生态环境部公告 2019 年第 49 号	2019 年 11 月 14 日	生态环境部	引导示范政策
180	国家鼓励的工业节水工艺、技术和装备目录（2019 年）	工业和信息化部 水利部公告 2019 第 51 号	2019 年 11 月 13 日	工业和信息化部 水利部	引导示范政策
181	关于报废汽车拆解加工及废塑料回收利用循环经济标准化试点等 37 个国家循环经济标准化试点考核评估结果的通知	国标委发〔2019〕32 号	2019 年 10 月 31 日	国家标准化管理委员	引导示范政策
182	关于发布资源综合利用基地名单的通知	发改办环资〔2019〕1009 号	2019 年 10 月 28 日	国家发展改革委办公厅 工业和信息化部办公厅	引导示范政策

序号	政策名称	文号	成文时间	部门	类型
183	市场准入负面清单（2019年版）	发改体改〔2019〕1685号	2019年10月24日	国家发展改革委 商务部	引导示范政策
184	关于印发《国家生态文明建设示范市县建设指标》《国家生态文明建设示范市县管理规程》和《"绿水青山就是金山银山"实践创新基地建设管理规程（试行）》的通知	环生态〔2019〕76号	2019年9月11日	生态环境部	引导示范政策
185	关于公布第四批绿色制造名单的通知	工信厅节函〔2019〕196号	2019年9月2日	工业和信息化部	引导示范政策
186	符合《环保装备制造行业（污水治理）规范条件》和《环保装备制造行业（环境监测仪器）规范条件》企业名单（第一批）	工业和信息化部公告 2019年第27号	2019年7月25日	工业和信息化部	引导示范政策
187	关于发布《有毒有害水污染物名录（第一批）》的公告	生态环境部 国家卫生健康委员会公告 2019年第28号	2019年7月24日	生态环境部 国家卫生健康委员会	引导示范政策
188	关于批准上海市工业综合开发区等4家园区为国家生态工业示范园区的通知	环科财〔2019〕58号	2019年7月12日	生态环境部	引导示范政策
189	关于公布2018年度国家生态工业示范园区复查评估结果的通知	环办科财函〔2019〕587号	2019年6月25日	生态环境部办公厅 科技部办公厅 商务部办公厅	引导示范政策
190	关于发布"无废城市"建设试点名单的公告	生态环境部公告 2019年第14号	2019年5月5日	生态环境部	引导示范政策
191	关于印发环境标志产品政府采购品目清单的通知	财库〔2019〕18号	2019年3月29日	财政部 生态环境部	引导示范政策

序号	政策名称	文号	成文时间	部门	类型
192	关于公布第二批全国环保设施和城市污水垃圾处理设施向公众开放单位名单的通知	环办宣教〔2019〕19 号	2019 年 3 月 6 日	生态环境部办公厅 住房和城乡建设部办公厅	引导示范政策
193	关于发布《生态环境部审批环境影响评价文件的建设项目目录（2019 年本）》的公告	生态环境部公告 2019 年第 8 号	2019 年 2 月 27 日	生态环境部	引导示范政策
194	符合《建筑垃圾资源化利用行业规范条件》企业名单（第二批）	工业和信息化部 住房和城乡建设部公告 2019 年第 11 号	2019 年 2 月 27 日	工业和信息化部 住房和城乡建设部	引导示范政策
195	符合《废塑料综合利用行业规范条件》企业名单（第二批）、符合《废矿物油综合利用行业规范条件》企业名单（第二批）、符合《轮胎翻新行业准入条件》《废轮胎综合利用行业准入条件》企业名单（第六批）	工业和信息化部公告 2019 年第 7 号	2019 年 2 月 22 日	工业和信息化部	引导示范政策
196	关于发布《有毒有害大气污染物名录（2018 年）》的公告	生态环境部 国家卫生健康委员会公告 2019 年第 4 号	2019 年 1 月 25 日	生态环境部 国家卫生健康委员会	引导示范政策

117

参考文献

[1] 中国环境保护产业协会城镇污水治理分会. 2019 年度水污染治理行业发展报告. 2019.

[2] 中国环境保护产业协会水污染治理委员会. 2019 年水污染治理行业发展评述和 2020 年发展展望. 2019.

[3] 中国环境保护产业协会电除尘委员会. 2019 年电除尘行业发展评述和 2020 年发展展望. 2019.

[4] 中国环境保护产业协会脱硫脱硝委员会. 2019 年脱硫脱硝行业发展评述和 2020 年发展展望. 2019.

[5] 中国环境保护产业协会废气净化委员会. 2019 年 VOCs 减排控制行业发展评述和 2020 年发展展望. 2019.

[6] 中国环境保护产业协会土壤与地下水修复专业委员会. 2019 年土壤修复行业发展评述和 2020 年发展展望. 2019.

[7] 中国环境保护产业协会固体废物处理利用委员会. 2019 年固体废物处理利用行业发展评述和 2020 年发展展望. 2019.

[8] 中国环境保护产业协会环境监测仪器专业委员会. 2019 年环境监测行业发展评述和 2020 年发展展望. 2019.

[9] 中国环境保护产业协会室内环境控制与健康分会. 2019 年度室内环境控制行业发展评述和 2020 年发展展望. 2019.

[10] 中国环境保护产业协会环境影响评价行业分会. 2019 年环境影响评价行业发

展评述和 2020 年发展展望. 2019.

[11] 国家统计局. 中国统计年鉴 2019[M]. 北京：中国统计出版社.

[12] 逯元堂，赵云皓，陶亚，等. 2017 年中国环保产业政策综述[J]. 中国环保产业，2018（8）：6-18.

[13] 赵云皓. PPP 助力打好污染防治攻坚战[N]. 中国环境报，2020-06-30（007）.

[14] 辛璐，赵云皓，徐志杰，等. 民营经济参与生态治理尚需政策扶持[J]. 环境经济，2019（23）：14-19.

[15] 赵云皓，卢静，辛璐，等. 民营经济参与生态治理的经验、问题与对策研究——以库布其治沙实践为例[J]. 中国环保产业，2019（9）：32-36.

[16] 辛璐，赵云皓，逯元堂，等. 我国环保产业税收优惠政策解读[J]. 中国环保产业，2019（8）：5-10.

[17] 卢静，辛璐，张淑山，等. 垃圾焚烧项目的市场竞争问题与对策研究[J]. 中国环保产业，2019（6）：10-13.

[18] 赵云皓. 政策固然有 用的好不好？[N]. 中国环境报，2019-04-05（007）.

[19] 中国金融信息网绿色债券数据库. 2019 年下半年绿色资产支持证券发行情况[DB/OL]. http：//greenfinance. xinhua08. com/zt/database/greenabsabn. shtml.

[20] 李文哲. 河南设立百亿元绿色发展基金推动生态文明建设[EB/OL]. http：//www. xinhuanet. com/fortune/2019-12/01/c_1125294452. htm，2019-12-01.

[21] 刘冰. 千亿长江绿色发展投资基金落户宜昌[EB/OL]. http：//comnews. cn/article/local/ 201911/20191100026403. shtml，2019-11-29.

[22] 新华社. 固体废物污染环境防治法时隔15年迎来大修　固废管理更严格更科学[EB/OL]. http：//www. gov. cn/xinwen/2019-06/25/content_5403070. htm，2019-06-25.

[23] 新华社. 立法保护长江"母亲河"　最高立法机关首次审议长江保护法草案[EB/OL]. http：//www. gov. cn/xinwen/2019-06/25/content_5403070. htm，

2019-12-23.

[24] 新华社. 全国 237 个城市启动，垃圾强制分类政策落地效果如何？[EB/OL]. http：// www. xinhuanet. com/2020-01/02/c_1125416094. htm，2020-01-02.

[25] 赵晨光. 河北精准帮扶企业提升环境治理[N]. 中国化工报，2019-12-29（3）.

[26] 徐毅. 巧用专项债推进"无废城市"建设[N]. 中国环境报，2019-11-07（007）.

[27] 赵云皓，叶子仪，辛璐，等. 构建市场导向的绿色技术创新体系[J]. 环境与可持续发展，2018，43（5）：5-8.

[28] 辛璐，逯元堂，卢静，等. 环境综合治理托管服务模式特征初探[C]. 中国环境科学学会（Chinese Society for Environmental Sciences）. 2018 中国环境科学学会科学技术年会论文集（第一卷）. 中国环境科学学会（Chinese Society for Environmental Sciences）：中国环境科学学会，2018：513-517.

[29] 卢静，辛璐，徐志杰，等. 民营企业参与生态治理有多种模式[J]. 环境经济，2019（23）：20-23.

[30] 逯元堂，赵云皓，卢静，等. 污水处理 PPP 项目投资回报指标研究——基于财政部 PPP 入库项目[J]. 生态经济，2019，35（3）：170-174.

[31] 新华社. 无废城市建设试点工作取得五大进展[EB/OL]. http：//www. gov. cn/xinwen/ 2019-12/10/content_5460136. htm，2019-12-10.

[32] 胡春明.【推进城市生活垃圾分类工作系列报道】垃圾分类：绿色生活方式新时尚[EB/OL]. http：//www. gov. cn/xinwen/2019-12-10/content_5460136. htm，2019-12-27.